AF559167

Maria Clemens

. KOCHBUCH FÜR .

KATZEN

GESUND & NATÜRLICH

Das beste Katzenfutter und köstliche Leckerlis
für Ihre Katze ganz einfach selber machen

Für Fragen und Anregungen:
info@edition-lunerion.de
Auflage 2023

Vorwort

Die perfekte Nahrung einer Katze ist die Maus. Darum muss sich Ihr Liebling zwar selbst kümmern, dafür können Sie ihn mit der zweitbesten Variante versorgen: Mit frischen, optimal auf seine Bedürfnisse abgestimmten Köstlichkeiten, die Sie selbst mit einer großen Portion Liebe und überraschend wenig Aufwand zubereiten. Deshalb zeigt dieses Buch Ihnen, mit welch vielfältigen Leckereien Sie den kleinen Gourmets ganz einfach eine kulinarische Freude machen können.

Dose auf, Inhalt rein in den Napf – das ist zwar praktisch, aber leider landet dann nicht selten auch so einiges mit in der Futterschüssel, womit Sie Ihrer Katze keinen Gefallen tun. Zucker, Lockstoffe, Konservierungsmittel & Co. haben in Katzennahrung nichts zu suchen, sind aber trotzdem häufig Bestandteil und wirklich hochwertiges Futter hat meist einen stolzen Preis. Zum Glück gibt's dafür eine kinderleichte Lösung: Kochen und backen Sie doch einfach selbst! Das geht nämlich richtig einfach, ist kostengünstig und Sie können selbst entscheiden, was ins Futter kommt und was nicht – gerade bei Tieren mit besonderen Ansprüchen die perfekte Lösung. Von saftig-frischen Fleisch- und Fischgerichten über knackiges Trockenfutter bis hin zu Leckerlis und sogar Katzeneis finden Sie hier eine Riesenauswahl an Köstlichkeiten und entdecken auch für wählerische Feinschmecker oder glutenintolerante Tiere neue Lieblingsleckereien.

Guten Appetit!

INHALT

Wissenswertes 1

Futterumstellung – Eine große Verantwortung *2*

Gesunde, artgerechte und ausgewogene Katzenernährung *3*

Nassfutter für Katzen 9

Futter mit Fleisch 10

Hähnchen-Herzen-Futter *11*

Leber mit Reis und Brokkoli *12*

Brokkoli-Hähnchenherzen-Futter *13*

Fleisch mit Reis und Möhren *14*

Futter mit Fleisch 15

Gedünstetes Pangasius-Filet *16*

Fisch-Filet mit Reis und Gemüse *17*

Vegetarische Rezepte 18

Rührei für Katzen *19*

Omelett für Katzen *20*

Naturjoghurt mit Weizenkeimen *21*

Gemüse-Rezepte zum Nassfutter 22

Gekochter Spargel *23*

Rezepte_ohne Weizenmehl, Stärke oder Gluten 24

Hähnchenherzen in Hühnerbrühe *25*

Hähnchenherzen für Diabetiker-Katzen *26*

Hühnersuppe *27*

Hühnersuppe mit Ei *28*

Trockenfutter für Katzen 29
Rezepte mit Fleisch 31
Hühnchen-Reis-Futter *32*
Rind-Reis-Futter *34*
Huhn-Käse-Reis-Futter *36*
Rind-Katzen-Leberwurst-Reis-Futter *38*
Hühnchen mit Reis und Katzen-Leberwurst *40*
Futter mit Rind-Käse-Geschmack *42*
Rezepte mit Fisch 44
Seelachs-Reis-Futter *45*
Käse-Fisch-Futter *47*
Seelachs mit Möhre und Reis *49*
Rezepte_ohne Weizenmehl, Stärke oder Gluten 51
Kartoffelmehl-Rind-Futter *52*
Maismehl-Huhn-Futter *53*
Vegetarische Rezepte 54
Algen-Reis-Futter *55*
Katzengras-Reis-Käse-Futter *57*
Kartoffel-Reis-Futter *59*

Katzenleckerlis 61
Rinderhack-Leckerlis *62*
Wie Katzenminze: Oliven-Cookies *63*
Leckerlis mit Fleisch 64
Hähnchen-Spinat-Leckerlis *65*
Leckerlis mit Joghurt und Huhn *66*
Honig-Katzenleckerlis *67*
Kartoffel-Huhn-Katzenkekse *68*

Leckerlis mit Fisch 69

Thunfisch-Leckerlis *70*

Thunfisch-Quark-Leckerlis *71*

Vegetarische Leckerlis 72

Käse-Quark-Katzenleckerlis *73*

Ei-Parmesan-Katzenkekse *74*

Quark-Sardellen-Kekse *75*

Nori-Katzenleckerlis *76*

Lachs-Dorsch-Leckerlis *77*

Lamminnereien-Kekse *78*

Spinat-Hack-Leckerlis *79*

Leber-Kekse *80*

Reis-Lachs-Kekse *81*

Geröstete Sonnenblumenkerne *82*

Geröstete Kürbiskerne *83*

Leckerlis ohne Weizenmehl, Stärke oder Gluten 84

Hühnerfleisch-Leckerlis *85*

Dörrfleisch für Katzen *86*

Eis für Katzen 87

Thunfisch-Eis *88*

Snack-Eis *89*

Katzenmilch-Knusper-Eis *90*

Hühnersuppen-Eis *91*

Joghurt-Eis mit Sonnenblumenkernen *92*

Quark-Eis mit Weizenkeimen *93*

Wissenswertes

Warum Katzenfutter bzw. Katzenleckerlis selbst machen? Der Aufwand, Katzenfutter selbst zu machen, lohnt sich: Sie bieten Ihrer Katze dadurch gesundes und frisches Futter. Sie können das Futter individuell an die Vorlieben und Bedürfnisse Ihrer Fellnase anpassen. Sind Ihnen bisher bereits Unverträglichkeiten oder Allergien Ihrer Katze bekannt, können Sie diese im selbstgemachten Futter berücksichtigen. Viele Katzen sind sehr wählerisch, was ihr Essen angeht. Ihre Katze entscheidet selbst, ob das selbsthergestellte Futter ihren hohen Ansprüchen gerecht wird oder ob sie doch lieber weiterhin das Katzenfutter in Dosen verspeisen möchte. Durch selbstgemachtes Katzenfutter bieten Sie Ihrer Fellnase Abwechslung. Besonders für neugierige Katzen wird es dann interessant. Das Schöne an selbstgemachtem Katzenfutter ist, dass Sie es an den Geschmack Ihrer Katze anpassen können.

In fertigem Katzenfutter und auch Leckerlis können bedenkliche Inhaltsstoffe enthalten sein. Sie sind für Ihre Katze ungesund und haben aus diesem Grund nichts darin zu suchen. Wenn Sie Ihrer Katze selbst das Futter zubereiten, sind ungesunde Lockstoffe, Farbstoffe, Konservierungsstoffe sowie Zucker nicht enthalten. Selbstgemachte Leckereien sind nicht nur gesünder, sondern auch günstiger als gekauftes Futter.

FUTTERUMSTELLUNG – EINE GROßE VERANTWORTUNG

Wenn Sie Ihrer Katze selbstgemachtes Futter anbieten, bieten Sie Ihrem Liebling eine gesunde und natürliche Abwechslung – unter der Voraussetzung, dass Sie es richtig machen. Stößt Ihre Katze in ihrem Futter auf ihre Lieblingshappen, bereiten Sie ihr damit eine große Freude. Sie selbst können bestimmen, aus welchen Nährstoffen und Zutaten das Futter Ihrer Katze bestehen soll. Möchten Sie das Futter Ihrer Katze langfristig umstellen, sollten Sie mit einem Ernährungsberater für Katzen oder einem Tierarzt darüber sprechen. Möchten Sie mehr als 20 % der wöchentlichen Futterration auf selbstgemachtes Futter umstellen, erfordert das einen Zusatz von Mineralstoffpräparaten und Vitaminen. Sie tragen eine große Verantwortung, wenn Sie dauerhaft das Katzenfutter selbst zubereiten möchten. Über das Katzenfutter nimmt Ihr Liebling wichtige Nährstoffe zu sich, die dafür sorgen, dass er gesund bleibt. Sie müssen darauf achten, alle erforderlichen Zutaten zu verwenden, damit Ihre Katze keine ernährungsbedingten Mangelerscheinungen erleidet. Möchten Sie Ihrer Katze das selbstgemachte Futter nur ergänzend anbieten, muss nicht immer jede Mahlzeit komplett ausgewogen sein.

Supplemente

(Bitte sprechen Sie hier alle Nahrungsergänzungsmittel mit Ihrem Tierarzt ab, da jegliche Überdosierung gefährlich für Ihre Katze ist!):

- **Vitamin A** (Augen, Muskelaufbau) in Maßen, Achtung bei der Dosierung – z. B. in Leber und Eigelb enthalten
- **Vitamin B** (Stoffwechsel), in Fleisch, Bierhefe und Geflügel enthalten
- **Vitamin C** (Immunsystem, wird meist von der Katze selbst gebildet)
- **Vitamin E** (Zellschutz), z. B. in Pflanzenölen enthalten (sehr gering dosieren)
- **Vitamin K** (Blutgerinnung), v. a. in Hähnchenfleisch
- **Taurin**, wichtigste Aminosäure, v. a. in Fisch und Fleisch enthalten
- **Phosphor** (für normalen Knochenaufbau, Muskeln etc.), v. a. in Leber, Fleisch und proteinreichen Lebensmitteln enthalten

- **Kalzium** (für normalen Knochenaufbau, Muskeln etc.), v. a. in Knochen enthalten
- **Katzengras** (z. B. gegen Haarballen)
- Ggf. **Malzpaste** (Ballaststoffe; Achtung bei der Dosierung!), enthält viel Fett und Zucker, nicht für Diabetiker-Katzen geeignet

GESUNDE, ARTGERECHTE UND AUSGEWOGENE KATZENERNÄHRUNG

Damit Sie Ihrem Liebling eine ausgewogene Ernährung bieten können, müssen Sie auf einige Dinge achten. Sehr wichtig ist, dass die Katze alle notwendigen Nährstoffe bekommt, die sie für den Erhalt ihrer Gesundheit benötigt. Möchten Sie Ihre Katze nicht regelmäßig mit selbstgemachtem Katzenfutter füttern, sondern nur gelegentlich, ist die Gefahr einer nicht katzengerechten Ernährung durch fehlende oder nicht ausgewogene Vitamine und Mineralstoffe geringer. Entscheiden Sie sich jedoch, Ihre Katze dauerhaft mit selbstgemachter Kost zu verwöhnen, müssen Sie darauf achten, dass alles absolut katzengerecht ist.

Fleisch

Katzen sind von Natur aus Fleischfresser und aus diesem Grund ist Fleisch natürlich der Bestandteil, der in der Zubereitung den Großteil des Futters ausmachen sollte. Haben Sie sich schon einmal mit der Zusammensetzung von Katzenfutter beschäftigt, werden Sie bemerkt haben, dass hochwertiges Katzenfutter neben Muskelfleisch auch Innereien wie Leber oder Herz enthält. Sämtliche Geflügelsorten, aber auch Lamm oder Rind eignen sich besonders für die Ernährung Ihrer Katze. Schweinefleisch ist nur als Futter geeignet, wenn es gut durchgegart ist. Wildfleisch hingegen eignet sich nicht als Katzenfutter. Vielleicht haben Sie schon einmal besondere Vorlieben bei Ihrer Katze bemerkt und können diese dann entsprechend in den Rezepten anwenden. Achten Sie darauf, dass das Fleisch unbehandelt und frisch ist. Zu einer ausgewogenen Katzenernährung gehören neben dem Muskelfleisch auch die Innereien und Organe, wie zum Beispiel die Leber, das Herz und die Zunge.

Bei der Verwendung von sehr magerem Fleisch sollten Sie das Katzenfutter zusätzlich mit für die Katze essenziellen Fettsäuren anreichern, da sie diese nicht selbst im Körper herstellen kann. Verwenden Sie dazu die Arachidonsäure, welche Sie dem Katzenfutter durch Zugabe von Eigelb oder Butter hinzufügen können. Das Fleisch darf nicht im Vorfeld mariniert, geräuchert oder anderweitig behandelt worden sein. Sie können das Fleisch sowohl gekocht als auch roh verfüttern. Fleisch im rohen Zustand bietet Katzen zwar die meisten Nährstoffe, Sie müssen jedoch dabei auf eine besonders strenge Hygiene achten, um Ihre Katze nicht zu gefährden. Grundsätzlich sollten Sie Ihrer Katze nur das Fleisch geben, das auch den Hygienestandards für Menschen entspricht. Das Gleiche gilt bei der Verwendung von rohem Fisch. Achten Sie darauf, dass die Kühlkette nicht unterbrochen wird, und waschen Sie sich Ihre Hände vor der Verarbeitung gründlich. Fleisch aus dem Gefrierschrank sollten Sie im Kühlschrank auftauen lassen, da sich die Bakterien so wesentlich langsamer ausbreiten. Auch bei der Herstellung des Katzenfutters sollten Sie auf eine seriöse Quelle, wie zum Beispiel den Metzger Ihres Vertrauens, zurückgreifen.

Fisch & Meeresfrüchte

Auch Fisch eignet sich hervorragend entweder zusammen mit Fleisch oder ganz als Fleischersatz als katzengerechte Ernährung. Viele gängige Fischarten eignen sich dafür und Ihr Liebling wird bestimmt entscheiden, was ihm am besten schmeckt. Es gibt viele Katzen, die sehr gerne Fisch fressen und sich über dessen Geschmack in ihrem Napf freuen. Achten Sie jedoch hier auch darauf, dass der Fisch zuvor nicht mariniert oder geräuchert wurde. Wie auch bei sich selbst, sollten Sie den Fisch im Vorfeld ganz genau untersuchen, damit alle Gräten entfernt werden können, um Ihre Katze vor Verletzungen oder möglichen Problemen zu schützen. Lachs und Thunfisch eignen sich sehr gut als Hauptzutat für eine hochwertige Katzenmahlzeit, aber auch Krebs und Kalamari eignen sich sehr gut. Sollten Sie Krustentiere in Ihrem Katzenfutter verarbeiten, entfernen Sie zuvor die Schalen gründlich, damit keine Splitter im Futter zurückbleiben.

Gemüse, Getreide & Ähnliches

Achten Sie bei der Herstellung des Katzenfutters auf Abwechslung. Auch Getreide, Gemüse und Pflanzen eignen sich für die Zubereitung von gesundem Futter. Brokkoli, Karotten und Reis eignen sich sehr gut als Zutat für selbstgemachtes Katzenfutter.

Wussten Sie, dass Gemüse dazu dienen kann, den Mageninhalt des Beutetiers zu simulieren?

Achten Sie aber darauf, dass es immer nur als Bestandteil des Futters dienen soll und niemals den Grundinhalt darstellt. Eine artgerechte Fütterung von Fleisch soll immer im Vordergrund stehen. Einige Katzen leiden unter einer Glutenunverträglichkeit, daher ist es sinnvoll, auf glutenhaltige Zutaten bei der Herstellung von Katzenfutter zu verzichten. Zu den glutenhaltigen Getreidesorten zählen Roggen, Gerste, Dinkel und auch Weizen. Diese können bei Katzen unter Umständen zu Verdauungsproblemen führen, daher sollten Sie darauf achten, nur glutenfreie Getreidesorten in Ihrem selbstgemachten Katzenfutter zu verarbeiten. Getreide, Pflanzen und Gemüse können keinen Fisch und kein Fleisch ersetzen, weshalb Sie es nur als kleinen Anteil im Futter verwenden sollten. Als Eiweißquelle eignet sich die Zugabe von Ei sehr gut, egal, ob als Rührei oder gekocht, in jedem Fall aber ungewürzt. Außerdem eignet sich das Ei auch als Bindemittel in den Rezepten für selbstgemachtes Katzenfutter. Kleine Mengen sind hierbei völlig ausreichend. Sie sollten Ei nur in geringen Mengen verfüttern, da Eier einen hohen Kalorienanteil haben.

Obwohl Milch nicht unbedingt ideal für Katzen ist, können Sie Ihr selbstgemachtes Katzenfutter durch geringe Zugabe von verarbeiteten Milchprodukten wie Quark, Joghurt oder Käse beliebter bei Ihrer Katze machen und Ihren Appetit anregen. Geben Sie Ihrer Katze aber keine Milch, da der relativ hohe Milchzuckeranteil für Katzen nicht gut verdaulich ist. Geben Sie Ihrem Liebling besser Katzenmilch, welche laktosefrei und damit gut verträglich ist. Bedenken Sie jedoch, dass Milchprodukte aufgrund der hohen Kalorienanzahl nicht bei jeder Katze zu empfehlen sind und auch keine notwendige Nahrungsergänzung darstellen.

An Katzenfutter gehören keine Gewürze! Kräuter wie Lauch oder Petersilie können Sie Ihrem Katzenfutter beimischen. Sie sind nicht notwendig, schaden Ihrer Katze aber auch nicht.

Fette & Öle

Fette und Öle sind wahre Energielieferanten und helfen Ihrer Katze bei der Aufnahme von Vitaminen. Wenn in den nachfolgenden Rezepten Öl in der Zutatenliste steht, sollten Sie, wenn nicht weiter definiert ist, welches Öl, auf hochwertige und kaltgepresste Öle zurückgreifen. Sie können dazu Olivenöl, Rapsöl und Leinöl verwenden. Tierische Fette, wie zum Beispiel Lebertran, sind eine gute und gesunde Ergänzung für Ihr selbst zubereitetes Katzenfutter. Sie können von Zeit zu Zeit einen Teelöffel unter die Mahlzeit mischen, das ist völlig ausreichend. Katzen sind und waren schon immer Fleischfresser. Das Verdauungssystem, der Stoffwechsel und das Gebiss von Katzen sind auf fleischhaltige Nahrung ausgerichtet. Sie erhalten durch den Konsum von Fleisch alle Nährstoffe, die für Sie wichtig sind, und decken sogar einen Großteil ihres Wasserbedarfs über die Nahrung. Die Aminosulfonsäure Taurin spielt eine wichtige Rolle in der Ernährung einer Katze und der hohe Bedarf davon wird am besten durch die Ernährung mit Fleisch sowie Fisch sichergestellt.

Wussten Sie das? Eine Maus ist die perfekte Nahrung einer Katze. Die Nagetiere bestehen zu zirka 65 % aus Wasser. In den restlichen 35 % sind Proteine (50-60 %), Fette (20-30 %), Kohlenhydrate (3-8 %) und Mineralstoffe (6-8 %) enthalten.

Die Zusammensetzung einer Maus können Sie sozusagen als Richtlinie für eine artgerechte Katzenernährung nehmen und damit auch für Ihr selbst zubereitetes Katzenfutter. Die wichtigsten Bestandteile sind Fette, Kohlenhydrate, Ballaststoffe und vor allem Proteine. Achten Sie außerdem darauf, dass wichtige Mineralstoffe und Vitamine in Ihrem selbstgemachten Futter enthalten sind.

Auf einen Blick –erlaubt sind:

o Fleisch, Innereien

o Fisch

o Laktosefreie Milchprodukte (z. B. Joghurt, Quark, Käse)

o Eier

o Öl (z. B. Lachsöl, Rapsöl, Olivenöl)

o Kräuter (z. B. Katzenminze jeglicher Art, Baldrian, Katzengamander, Tatarisches Geißblatt)

o Gemüse (z. B. Möhren, Brokkoli)

o Glutenfreies Mehl (z. B. Maismehl, Kartoffelmehl, Reismehl, Buchweizenmehl)

Ungeeignet: Das dürfen Katzen nicht essen!

Wer denkt, dass die größte Gefahr bei der eigenen Zubereitung von Futter ist, dass es der Katze nicht schmeckt und sie das Futter ablehnt, irrt sich. Man kann viele, zum Teil schwerwiegende Fehler machen und die Gesundheit des Tieres gefährden. Vermeiden Sie auf jeden Fall Gewürze in Ihrem selbst hergestellten Futter. Pfeffer oder Salz haben in katzengerechtem Futter nichts zu suchen.

Wichtig! Füttern Sie Ihrer Katze unter keinen Umständen rohes Fleisch von Schweinen/Wildschweinen, denn das kann das tödliche Aujeszky-Virus enthalten.

Getreide ist für Katzen schwer verdaulich sowie generell nicht sonderlich verträglich. Aufgeweichte Haferflocken in Milch können bei Katzen zu schweren Verdauungsproblemen führen und sollten deswegen vermieden werden. Werden Haferflocken nur in geringen Mengen beispielsweise in Leckerlis für Katzen verarbeitet und werden diese richtig getrocknet, dann sind Haferflocken auch in Katzenfutter erlaubt.

Auf einen Blick – nicht erlaubt sind:

o Zwiebeln, Lauch, auch Schnittlauch!

o Alkohol, Kaffee, Kakao

o Gewürze jeglicher Art, u. a. auch Knoblauch

o Brot

o Laktosehaltige Milchprodukte

o Weintrauben & Steinobst, Rosinen

o Rohe Kartoffeln

o Hülsenfrüchte

o Rohes Schweinefleisch, Leber

o Rohes Ei

o Zu viel Thunfisch

o Kohl

Richtige Verwendung von Backmatten

Backmatten sind wie Kuchenformen für Menschen, nur viel kleiner. Sie haben unterschiedlich große Mulden in unterschiedlichen Formen: Von Herzen über Fische und Sterne bis hin zu Pfoten gibt es eine tolle Auswahl. Bei der Auswahl der Form sollten Sie sich an der Größe Ihrer Katze orientieren. Sehr kleine Leckerlis mit einem Durchmesser von einem Zentimeter in Halbkugelform eignen sich für die meisten Katzen. In die Mulden wird der Teig eingefüllt, wozu man am besten einen Teigschaber beziehungsweise eine Teigkarte oder eine Portionierflasche, auch Quetschflasche genannt, verwendet.

Vor der ersten Benutzung der meisten Backmatten ist es wichtig, diese zu „tempern", das heißt, sie für 4 Stunden ohne Inhalt im Backofen bei 200 °C zu erhitzen. Dadurch wird erreicht, dass schädliche Stoffe in den Backmatten verdampfen und nicht in die Katzenleckerlis gelangen. Alternativ können Sie auch das Blindbacken anwenden. Bereiten Sie dazu einen Teig aus ⅗ Mehl und ⅖ Wasser zu und füllen Sie diesen in die Backmatten. Backen Sie den Teig bei 180 °C Umluft. Nach 30 bis 40 Minuten, abhängig von der Muldengröße, ist der Teig fertig gebräunt. Entsorgen Sie die fertigen Backwaren. Dann ist die Backmatte für den richtigen Katzenleckerli-Teig bereit.

Nassfutter für Katzen

Wenn Sie unabhängig von den Rezepten in diesem Buch Nassfutter selbst machen möchten, gibt es hier eine kurze Anleitung. Futter für Katzen kann man pauschal immer gleich herstellen, wenn man Folgendes beachtet:

✓ 1 Teil Reis, Haferflocken, Maisgrieß, ...
✓ 2 Teile klein geschnittenes Gemüse (Möhren, Brokkoli, Spargel, Spinat)
✓ Bei Bedarf 1 Esslöffel Butter
✓ (Fleisch nach Belieben mit kochen oder am Ende als Frischfleischration hinzugeben und portionsweise verfüttern/einfrieren)
✓ Zutaten weich kochen & mit dem Garwasser die gewünschte Konsistenz erreichen
✓ Vor der Fütterung / nach dem Auftauen können Sie noch eine Vitamin-Mineralstoff-Mischung frisch hinzugeben
Handwarm servieren

Futter mit Fleisch

HÄHNCHEN-HERZEN-FUTTER

10 Port.

1 Std.

Leicht

Zutaten

250 g Herzen vom Hähnchen
½ L (kochendes) Wasser
2 (geriebene) Möhren
2 EL Reis (Rundkorn)
Sonnenblumenöl

Nährwerte p. P.

34 kcal
5 g Kohlenhydrate
0 g Fett
7 g Eiweiß

1 Garen Sie die Herzen für 40 Minuten in 250 ml kochendem Wasser. Lassen Sie die Hühnerherzen auskühlen und schneiden Sie sie in kleine Stückchen.

2 Kochen Sie währenddessen 250 ml Wasser auf und geben Sie die Möhren sowie den Reis hinzu. Garen Sie alles für 25 Minuten. Geben Sie beides in ein Sieb und lassen Sie das Ganze abtropfen und wieder abkühlen.

3 Geben Sie für eine Portion zwei Teelöffel vom Reis-Möhren-Gemisch zusammen mit einem Esslöffel des klein geschnittenen Fleisches in den Napf. Geben Sie darauf noch zwei Teelöffel der Fleischbrühe sowie ein paar Tropfen Öl (z. B. Sonnenblumenöl). Das Hähnchen-Herzen-Futter ist nun servierbereit für Ihr Kätzchen. Den Rest können Sie portionsweise einfrieren.

LEBER MIT REIS UND BROKKOLI

5 Port.

25 Min.

Leicht

Zutaten

1 (sehr kleine Scheibe) Rinderleber
100 g (frischer) Brokkoli
350 ml Wasser
3 EL Reis (Rundkorn)
2 TL Sesamöl

Nährwerte p. P.

62 kcal
0 g Kohlenhydrat
0 g Fett
0 g Eiweiß

1 Schneiden Sie die Leber in kleine Würfel und brühen Sie diese mit kochendem Wasser in einem engen Gefäß über. Rühren Sie das Ganze mit einem Löffel durch. Schöpfen Sie das Wasser ab und heben Sie es für später auf.

2 Schneiden Sie den Brokkoli in kleine, für Katzen mundgerechte Röschen. Legen Sie die härteren Stiele extra. Würfeln Sie diese ebenso mundgerecht.

3 Bringen Sie das aufgefangene Wasser erneut zum Kochen und fügen Sie den Reis hinzu. Lassen Sie das Ganze abgedeckt für 10 Minuten köcheln.

4 Geben Sie die härteren Stiele hinein und garen Sie sie für 6 Minuten. Geben Sie nun die Brokkoliröschen dazu und garen Sie das Ganze in 6 Minuten fertig. Sie können bei Bedarf noch etwas Flüssigkeit hinzugeben.

5 Geben Sie nun die gebrühten Leberwürfel sowie das Sesamöl dazu und lassen Sie das Katzenfutter abkühlen. Sie können nun eine Portion füttern und den Rest in Portionen aufteilen und einfrieren, damit Sie immer ein gesundes selbstgemachtes Futter zur Hand haben.

Info: Achten Sie bei Leber auf die Menge, denn Leber enthält viel Vitamin A. Isst Ihre Katze zu viel davon, kann es zu erheblichen Krankheiten kommen, da sich Vitamin A im Nieren- und Lebergewebe Ihrer Katze anhäuft und so dem Gewebe schadet.

BROKKOLI-HÄHNCHENHERZEN-FUTTER

10 Port.

1 Std.

Leicht

Zutaten

250 g Herzen vom Hähnchen
½ L (kochendes) Wasser
100 g frischer Brokkoli
2 EL Reis (Rundkorn)
Sonnenblumenöl

Nährwerte p. P.

35 kcal
4 g Kohlenhydrate
0 g Fett
7 g Eiweiß

1 Garen Sie die Herzen für 40 Minuten in 250 ml kochendem Wasser. Lassen Sie die Hühnerherzen auskühlen und schneiden Sie sie in kleine Stückchen.

2 Kochen Sie währenddessen 250 ml Wasser auf und geben Sie den Brokkoli sowie den Reis hinzu. Garen Sie alles für 25 Minuten. Geben Sie beides in ein Sieb und lassen Sie das Ganze abtropfen und wieder abkühlen.

3 Geben Sie für eine Portion zwei Teelöffel vom Reis-Brokkoli-Gemisch zusammen mit einem Esslöffel des klein geschnittenen Fleisches in den Napf. Geben Sie darauf noch zwei Teelöffel der Fleischbrühe sowie ein paar Tropfen Öl (z. B. Sonnenblumenöl). Das Hähnchen-Herzen-Futter mit Brokkoli ist nun servierbereit für Ihr Kätzchen. Den Rest können Sie portionsweise einfrieren.

FLEISCH MIT REIS UND MÖHREN

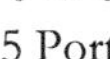
5 Port.

25 Min.

Leicht

Zutaten

200 g gekochtes Fleisch (Rind, Schwein, Hähnchen)
2 Möhren
350 ml Wasser
3 EL Reis (Rundkorn)
2 TL Sesamöl

Nährwerte p. P.

60 kcal
0 g Kohlenhydrate
0 g Fett
0 g Eiweiß

1 Schneiden Sie das Fleisch in kleine Würfel und brühen Sie diese mit kochenden Wasser in einem engen Gefäß über. Rühren Sie das Ganze mit einem Löffel durch. Schöpfen Sie das Wasser ab und heben Sie es für später auf.

2 Reiben Sie die Möhren in kleine, für Katzen mundgerechte Streifen.

3 Bringen Sie das aufgefangene Wasser erneut zum Kochen und fügen Sie den Reis hinzu. Lassen Sie das Ganze abgedeckt für 10 Minuten köcheln.

4 Geben Sie nun die Möhrenstreifen dazu und garen Sie das Ganze in 6 Minuten fertig. Sie können bei Bedarf noch etwas Flüssigkeit hinzugeben.

5 Geben Sie nun die gebrühten Fleischwürfel sowie das Sesamöl dazu und lassen Sie das Katzenfutter abkühlen. Sie können nun eine Portion füttern und den Rest in Portionen aufteilen und einfrieren, damit Sie immer ein gesundes selbstgemachtes Futter zur Hand haben.

Futter mit Fleisch

GEDÜNSTETES PANGASIUS-FILET

2 Port.

20 Min.

Leicht

Zutaten

1 Stk. Pangasius-Filet

Nährwerte p. P.

77 kcal
0 g Kohlenhydrate
1 g Fett
14 g Eiweiß

1 Dünsten Sie das Pangasius-Filet in heißem, leicht sprudelndem Wasser in etwa 10-15 Minuten gar.

2 Lassen Sie das Filet auf Raumtemperatur abkühlen.

3 Zerpflücken Sie das Pangasius-Filet in Stücke, nicht zu klein, damit Ihr Stubentiger auch noch etwas zu beißen hat.

FISCH-FILET MIT REIS UND GEMÜSE

2 Port.

20 Min.

Leicht

Zutaten

1 Stk. Fisch-Filet nach Belieben
1 Möhre
Etwas Brokkoli

Nährwerte p. P.

79 kcal
53 g Kohlenhydrate
1 g Fett
15 g Eiweiß

1 Dünsten Sie den Fisch in heißem, leicht sprudelndem Wasser in etwa 10-15 Minuten gar. Achten Sie darauf, dass alle Gräten beseitigt sind!

2 Fügen Sie das zuvor klein geschnittene Gemüse hinzu und garen Sie es mit dem Fisch, bis es weich ist.

3 Lassen Sie das Ganze auf Raumtemperatur abkühlen.

4 Zerpflücken Sie den Fisch in Stücke, nicht zu klein, damit Ihr Stubentiger auch noch etwas zu beißen hat.

Vegetarische Rezepte

RÜHREI FÜR KATZEN

1 Port.

7 Min.

Leicht

Zutaten

1 Ei
1 TL Öl (optional für das Anbraten)
Erweiterung: 1 Scheibe Schinken (ohne Gewürze) oder Vergleichbares

Nährwerte p. P.

90 kcal
0 g Kohlenhydrate
60 g Fett
7 g Eiweiß

1 Verquirlen Sie das Ei mit einem Schneebesen und geben Sie es in eine zuvor (mit Öl) erhitzte Pfanne.

2 Optional: Würfeln Sie den Schinken in kleine Stücke und braten Sie ihn, wenn Sie mögen, leicht an.

3 Zerteilen und wenden Sie das Rührei in der Bratpfanne. Braten Sie das Ei gut durch.

4 Der einzige große Unterschied zum Rührei für Menschen ist, dass Sie auch hier unbedingt auf Gewürze verzichten müssen!

OMELETT FÜR KATZEN

1 Port.

5 Min.

Leicht

Zutaten

1 Ei
1 TL Öl (optional für das Anbraten)

Erweiterung:
Etwas Schinken
Katzengras

Nährwerte p. P.

75 kcal
0 g Kohlenhydrate
54 g Fett
7 g Eiweiß

1 Verquirlen Sie das Ei mit einem Schneebesen und geben Sie es in eine zuvor (mit Öl) erhitzte Pfanne.

2 Optional: Verrühren Sie es vorher mit klein geschnittenem Katzengras und gewürfeltem Schinken und geben Sie es dann in die erhitzte Pfanne.

3 Braten Sie das Ei von beiden Seiten gut durch.

4 Der einzige große Unterschied zum Omelett für Menschen ist, dass Sie auch hier unbedingt auf Gewürze verzichten müssen!

NATURJOGHURT MIT WEIZENKEIMEN

10 Port.

20 Min.

Leicht

Zutaten

200 g laktosefreier Naturjoghurt
50 g Weizenkeime
Optional: Schleck-Snacks

Nährwerte p. P.

196 kcal
12 g Kohlenhydrate
4 g Fett
12 g Eiweiß

1 Verrühren Sie den laktosefreien Naturjoghurt mit den Weizenkeimen.

2 Schleck-Snacks können den Geschmack des Joghurts noch verbessern!

Gemüse-Rezepte zum Nassfutter

GEKOCHTER SPARGEL

2 Port.

15 Min.

Leicht

Zutaten

1 Spargelstange
Wasser

Nährwerte p. P.

25 kcal
5 g Kohlenhydrate
0 g Fett
2 g Eiweiß

1 Waschen Sie den Spargel und entfernen Sie die Schale großzügig. Dafür geeignet sind beispielsweise Sparschäler oder spezielle Spargelschäler.

2 Schneiden Sie die holzigen Enden weg.

3 Geben Sie Wasser in einen Topf. Die Spargelstange sollte im nächsten Schritt komplett mit Wasser bedeckt sein.

4 Bringen Sie das Wasser im Topf zum Kochen und legen Sie den Spargel hinein. Lassen Sie das Ganze kurz aufkochen und verringern Sie die Hitze anschließend.

5 Nehmen Sie den gegarten Spargel aus dem Kochtopf und lassen Sie ihn abtropfen.

6 Lassen Sie den Spargel kalt werden und mischen Sie ihn unter das Nassfutter.

Info: Achten Sie auf die Menge des Spargels, da dieser alkalisch ist, könnte er bei großen Mengen eine Harnwegsinfektion auslösen. Bei kleinen Mengen ist er bekömmlich, achten Sie dabei darauf, die groben Enden des Spargels nicht zu verwenden, da diese schwer verdaulich sind.

Rezepte

ohne Weizenmehl, Stärke oder Gluten

HÄHNCHENHERZEN IN HÜHNERBRÜHE

4 Port.

15 Min.

Leicht

Zutaten

300 g Hähnchenherzen
¼ L Hühnerbrühe (ungewürzt)

Nährwerte p. P.

125 kcal
0 g Kohlenhydrate
5 g Fett
17 g Eiweiß

1 Schneiden Sie die Hähnchenherzen in kleine Stücke.

2 Geben Sie die ungewürzte Hühnerbrühe in einen Topf und kochen Sie darin die kleingeschnittenen Hähnchenherzen gar.

3 Lassen Sie das Ganze abkühlen, bevor Sie es Ihrem Stubentiger servieren.

HÄHNCHENHERZEN FÜR DIABETIKER-KATZEN

4 Port.

10 Min.

Leicht

Zutaten

300 g Hähnchenherzen
¼ L Wasser

Nährwerte p. P.

44 kcal
32 g Kohlenhydrate
1 g Fett
35 g Eiweiß

1 Kochen Sie die Hähnchenherzen in einem Topf mit Wasser.

2 Da es sich dabei nur um Muskelfleisch handelt, müssen Sie es nur wenige Minuten garen, bevor Sie es abgekühlt und in kleine Stücke geschnitten Ihrer Katze servieren können.

3 Auch Katzen ohne Diabetes lieben abgekochtes und frisches Herz von Geflügel.

HÜHNERSUPPE

10 Port.

3,5 Std.

Leicht

Zutaten

1 Suppenhuhn
1 Möhre
Wasser

Nährwerte p. P.

242 kcal
0 g Kohlenhydrate
5 g Fett
17 g Eiweiß

1 Entfernen Sie die Schale der Möhre und schneiden Sie sie in Stücke. Nehmen Sie den Beutel mit den Innereien des Huhns aus dessen Inneren.

2 Waschen Sie das Huhn von außen und von innen gründlich ab. Geben Sie es in einen großen Topf und gießen Sie so viel Wasser hinzu, bis das Huhn komplett mit der Flüssigkeit bedeckt ist.

3 Geben Sie die geschnittene Möhre dazu. Bringen Sie das Ganze zum Kochen und verringern Sie die Hitze, wenn das Wasser kocht. Garen Sie das Huhn bei geringer Hitze für zwei bis drei Stunden.

4 Wenn das Huhn fertig gegart ist, müssen Sie das Fleisch des Huhns abzupfen und zerkleinern, bevor Sie es zurück in die Brühe geben können. Es dürfen keine Knochen in der Suppe verbleiben.

5 Lassen Sie die Suppe vor dem Servieren richtig auskühlen.

Info: Im Kühlschrank aufbewahrt, ist diese Suppe einige Tage haltbar. Sie eignet sich gut zum portionierten Einfrieren, dann können Sie Ihrer Katze öfter selbstgemachte Hühnersuppe bieten. Besonders, wenn Katzen keine Freigänger sind und nur im Haus leben, trinken sie oft nicht ausreichend. Mit dieser Hühnersuppe können Sie Ihren Liebling zum Trinken animieren.

HÜHNERSUPPE MIT EI

10 Port.

3,5 Std.

Leicht

Zutaten

1 Suppenhuhn
1 Ei
1 Möhre
Wasser

Nährwerte p. P.

242 kcal
0 g Kohlenhydrate
5 g Fett
19 g Eiweiß

1 Entfernen Sie die Schale der Möhre und schneiden Sie sie in Stücke. Nehmen Sie den Beutel mit den Innereien des Huhns aus dessen Inneren.

2 Waschen Sie das Huhn von außen und von innen gründlich ab. Geben Sie es in einen großen Topf und gießen Sie so viel Wasser hinzu, bis das Huhn komplett mit der Flüssigkeit bedeckt ist.

3 Geben Sie die geschnittene Möhre dazu. Bringen Sie das Ganze zum Kochen und verringern Sie die Hitze, wenn das Wasser kocht. Garen Sie das Huhn bei geringer Hitze für zwei bis drei Stunden.

4 Wenn das Huhn fertig gegart ist, müssen Sie das Fleisch des Huhns abzupfen und zerkleinern, bevor Sie es zurück in die Brühe geben können. Es dürfen keine Knochen in der Suppe verbleiben.

5 Kochen Sie die Suppe kurz auf und fügen Sie ein zuvor verquirltes Ei hinzu. Lassen Sie es stocken und verrühren Sie das Ganze gut.

6 Lassen Sie die Suppe vor dem Servieren richtig auskühlen.

Info: Im Kühlschrank aufbewahrt, ist diese Suppe einige Tage haltbar. Sie eignet sich gut zum portionierten Einfrieren, dann können Sie Ihrer Katze öfter selbstgemachte Hühnersuppe bieten. Besonders, wenn Katzen keine Freigänger sind und nur im Haus leben, trinken sie oft nicht ausreichend. Mit dieser Hühnersuppe können Sie Ihren Liebling zum Trinken animieren.

Trockenfutter für Katzen

Sie können ganz leicht selbst gesundes und leckeres Trockenfutter für Ihren Liebling zubereiten. Mit vielen gesunden und leckeren Zutaten ist es Ihnen dadurch möglich, Ihre Katze völlig ohne Farb- und Konservierungsstoffe zu ernähren und unterschiedliche Geschmacksrichtungen zuzubereiten.

Grundzutaten – Sie benötigen:

- 1 Tasse Reis
- 3 Tassen Wasser
- Mehl
- 1 Möhre
- Bierhefe
- Rindfleisch
- Katzen-Leberwurst
- Suppenhuhn
- Seelachsfilet
- Käse
- Haferflocken

Selbst hergestelltes Trockenfutter kann man leicht zubereiten und da es sich gut abwandeln und an den Geschmack Ihrer Katze anpassen lässt, wird es ihr mit Sicherheit gut schmecken.

Katzen haben ihren eigenen Geschmack und bevorzugen einige Futtermittel besonders. Aus diesem Grund können Sie neben den oben genannten Grundzutaten auch besondere Zutaten für das Trockenfutter verwenden.

Schneiden Sie am besten alle Zutaten in etwa gleich große Stücke oder zerkleinern Sie diese gut mit dem Mixer. Damit wird gewährleistet, dass alles zur gleichen Zeit fertig ist und das Trockenfutter gleichmäßig trocknen kann. Verzichten Sie, wie immer bei der Herstellung von Katzenfutter, auf scharfe Gewürze, da diese ungesund sind für Katzen und zusätzlich zu vermehrtem Durst führen würden. Versetzen Sie die Grundzutaten jedoch nicht zu sehr, sondern nur so, dass ein besonderer Geschmack entsteht.

Rezepte mit Fleisch

HÜHNCHEN-REIS-FUTTER

10 Port.

1 Std.

Mittel

Zutaten

1 Tasse Reis
Gekochtes Hühnchenfleisch
Haferflocken
Bierhefe
Etwas Mehl
Optional: geriebene Möhre, geriebenen Käse, etwas Katzen-Leberwurst

Nährwerte p. P.

521 kcal
35 g Kohlenhydrate
7 g Fett
5 g Eiweiß

1 Kochen Sie den Reis in ausreichend kochendem Wasser gar. Lassen Sie ihn in dem heißen Wasser liegen, dann wird er noch weicher. Gießen Sie das Wasser vorsichtig ab und zerdrücken Sie den gekochten Reis (beispielsweise mit einer Gabel), bis ein fester Brei entsteht.

2 Zerteilen Sie das gekochte Hühnchenfleisch in sehr kleine Stückchen und geben Sie es unter den Reisbrei.

3 Sie können noch eine Messerspitze von der Bierhefe unter die Masse geben, dann wird Ihre Katze zusätzlich mit wichtigen Vitaminen und Mineralstoffen versorgt.

4 Die entstandene Masse sollte sehr fest und fein sein. Sollte der entstandene Brei nicht fest genug sein, können Sie Haferflocken hinzufügen, bis der Trockenfutterteig eine ausreichende Festigkeit für das Ausrollen des Teiges hat.

5 Für einen besonderen Geschmack können Sie noch eine sehr fein geriebene Möhre, geriebenen Käse oder wenig Katzen-Leberwurst hinzugeben.

6 Bestreuen Sie ein mit Backpapier ausgelegtes Backblech mit Mehl. Rollen Sie darauf den Trockenfutterteig aus, bis er eine Dicke von einem Zentimeter hat. Alternativ können Sie den Reisteig mit einem Esslöffel auf dem Backblech glatt streichen.

7 Schieben Sie das Blech mit dem ausgerollten Teig bei 180 °C Ober-/Unterhitze in Ihren Backofen, am besten auf der mittleren Schiene.

8 Drosseln Sie die Temperatur nach 20 Minuten auf 150 °C und nach erneut 15 Minuten auf 90 °C.

9 Öffnen Sie die Ofentür einen Spalt und klemmen Sie einen Holzkochlöffel in die Tür. Dadurch wird erreicht, dass Feuchtigkeit und Hitze entweichen können. Es kann eine Weile dauern, bis der Teig trocknet und fest wird. Sie können von Zeit zu Zeit mit dem Rücken einer Gabel probieren, ob das Katzenfutter schon hart wird.

10 Holen Sie das Katzenfutter dann aus dem Backofen und lassen Sie es abkühlen. Zerkleinern Sie das selbst gemachte Trockenfutter, bevor Sie es Ihrem Liebling füttern.

RIND-REIS-FUTTER

10 Port.

1 Std.

Schwer

Zutaten

1 Tasse Reis
Gekochtes Rindfleisch
Haferflocken
Bierhefe
Etwas Mehl
Optional: geriebene Möhre, Reibekäse, etwas Katzen-Leberwurst

Nährwerte p. P.

504 kcal
34 g Kohlenhydrate
10 g Fett
5 g Eiweiß

1 Kochen Sie etwa eine Tasse Reis in Wasser gar. Lassen Sie den gekochten Reis noch eine Zeit in dem heißen Wasser liegen, dann wird er noch weicher.

2 Gießen Sie das Wasser vorsichtig ab und zerdrücken Sie den gekochten Reis (mit einem Löffel oder einer Gabel), bis ein gleichmäßiger fester Brei entsteht.

3 Kochen und zerteilen Sie das Rindfleisch in sehr feine Stückchen und geben Sie es zu dem Reisbrei.

4 Wenn Sie möchten, können Sie noch eine Messerspitze Bierhefe unter die Rind-Reis-Masse geben, dann wird Ihr Liebling zusätzlich mit wichtigen Vitaminen und Mineralstoffen versorgt.

5 Die entstandene Masse sollte sehr gleichmäßig, fest und fein sein. Sollte der entstandene Brei noch nicht fest genug sein, können Sie etwas Haferflocken untermischen, bis der Teig für das Trockenfutter eine ausreichende Festigkeit für das Ausrollen hat.

6 Für einen besonderen Geschmack können Sie noch eine sehr fein geriebene Möhre, Reibekäse nach Belieben oder ein bisschen Katzen-Leberwurst hinzugeben.

7 Legen Sie Backpapier auf ein Backblech. Bestreuen Sie das Backblech mit Mehl. Rollen Sie den fertigen Trockenfutterteig aus, bis er eine Dicke von etwa einem Zentimeter hat. Alternativ können Sie den Rind-Reis-Teig mit einem Esslöffel auf dem Backblech glatt streichen.

8 Schieben Sie das Backblech mit dem Trockenfutterteig bei 180 °C Ober-/Unterhitze in den Ofen, am besten auf der Schiene in der Mitte.

9 Verringern Sie die Temperatur nach 20 Minuten auf 150 °C und nach erneut 15 Minuten auf 90 °C.

10 Öffnen Sie die Backofentür etwas und klemmen Sie einen Holzkochlöffel in die Tür. Dadurch können Feuchtigkeit und Hitze entweichen.

11 Es kann etwas dauern, bis der Teig des selbstgemachten Trockenfutters trocknet und schön fest wird. Sie können von Zeit zu Zeit mit dem Rücken einer Gabel testen, ob das Katzenfutter bereits hart wird.

12 Nehmen Sie das Trockenfutter dann aus dem Backofen und lassen Sie es abkühlen. Zerkleinern Sie das selbst gemachte Futter für Ihren Liebling, bevor Sie es füttern.

HUHN-KÄSE-REIS-FUTTER

10 Port.

1 Std.

Schwer

Zutaten

1 Tasse Reis
50 g Parmesan (gerieben)
Gekochtes Hühnchenfleisch
Haferflocken
Bierhefe
Etwas Mehl

Nährwerte p. P.

435 kcal
35 g Kohlenhydrate
7 g Fett
5 g Eiweiß

1 Kochen Sie den Reis in ausreichend Wasser gar. Lassen Sie ihn in dem heißen Wasser liegen, dann wird er noch weicher. Gießen Sie das Wasser vorsichtig ab und zerdrücken Sie den gekochten Reis (beispielsweise mit einer Gabel), bis ein fester Brei entsteht.

2 Zerteilen Sie das gekochte Hühnchenfleisch in sehr kleine Stückchen und geben Sie es unter den Reisbrei.

3 Sie können noch eine Messerspitze von der Bierhefe unter die Masse geben, dann wird Ihre Katze zusätzlich mit wichtigen Vitaminen und Mineralstoffen versorgt.

4 Die entstandene Masse sollte sehr fest und fein sein. Sollte der entstandene Brei nicht fest genug sein, können Sie Haferflocken hinzufügen, bis der Trockenfutterteig eine ausreichende Festigkeit für das Ausrollen des Teiges hat.

5 Für einen besonderen Geschmack geben Sie an dieser Stelle den geriebenen Käse hinzu.

6 Bestreuen Sie ein mit Backpapier ausgelegtes Backblech mit Mehl. Rollen Sie darauf den Trockenfutterteig aus, bis er eine Dicke von einem Zentimeter hat. Alternativ können Sie den Reisteig mit einem Esslöffel auf dem Backblech glatt streichen.

7 Schieben Sie das Blech mit dem ausgerollten Teig bei 180 °C Ober-/Unterhitze in Ihren Backofen, am besten auf der mittleren Schiene.

8 Drosseln Sie die Temperatur nach 20 Minuten auf 150 °C und nach erneut 15 Minuten auf 90 °C. Öffnen Sie die Ofentür einen Spalt und klemmen Sie einen Holzkochlöffel in die Tür. Dadurch wird erreicht, dass Feuchtigkeit und Hitze entweichen können.

9 Es kann eine Weile dauern, bis der Teig trocknet und fest wird. Sie können von Zeit zu Zeit mit dem Rücken einer Gabel probieren, ob das Katzenfutter schon hart wird.

10 Holen Sie das Katzenfutter dann aus dem Backofen und lassen Sie es abkühlen. Zerkleinern Sie das selbst gemachte Trockenfutter, bevor Sie es Ihrem Liebling füttern.

RIND-KATZEN-LEBERWURST-REIS-FUTTER

10 Port.

1 Std.

Mittel

Zutaten

1 Tasse Reis
1 TL milde Katzen-Leberwurst (ohne Gewürze)
Gekochtes Rindfleisch
Haferflocken
Bierhefe
Etwas Mehl

Nährwerte p. P.

496 kcal
36 g Kohlenhydrate
15 g Fett
5 g Eiweiß

1 Kochen Sie etwa eine Tasse Reis in Wasser gar. Lassen Sie den gekochten Reis noch eine Zeit in dem heißen Wasser liegen, dann wird er noch weicher. Gießen Sie das Wasser vorsichtig ab und zerdrücken Sie den gekochten Reis (mit einem Löffel oder einer Gabel), bis ein gleichmäßiger fester Brei entsteht.

2 Kochen und zerteilen Sie das Rindfleisch in sehr feine Stückchen und geben Sie es zu dem Reisbrei.

3 Wenn Sie möchten, können Sie noch eine Messerspitze Bierhefe unter die Rind-Reis-Masse geben, dann wird Ihr Liebling zusätzlich mit wichtigen Vitaminen und Mineralstoffen versorgt.

4 Die entstandene Masse sollte sehr gleichmäßig, fest und fein sein. Sollte der entstandene Brei noch nicht fest genug sein, können Sie etwas Haferflocken untermischen, bis der Teig für das Trockenfutter eine ausreichende Festigkeit für das Ausrollen hat.

5 Für einen besonderen Geschmack fügen Sie einen Teelöffel feine Katzen-Leberwurst hinzu.

6 Legen Sie Backpapier auf ein Backblech. Bestreuen Sie das Backblech mit Mehl. Rollen Sie den fertigen Trockenfutterteig aus, bis er eine Dicke von etwa einem Zentimeter hat. Alternativ können Sie den Rind-Reis-Teig mit einem Esslöffel auf dem Backblech glatt streichen.

7 Schieben Sie das Backblech mit dem Trockenfutterteig bei 180 °C Ober-/Unterhitze in den Ofen, am besten auf der Schiene in der Mitte.

8 Verringern Sie die Temperatur nach 20 Minuten auf 150 °C und nach erneut 15 Minuten auf 90 °C.

9 Öffnen Sie die Backofentür etwas und klemmen Sie einen Holzkochlöffel in die Tür. Dadurch können Feuchtigkeit und Hitze entweichen.

10 Es kann etwas dauern, bis der Teig des selbstgemachten Trockenfutters trocknet und schön fest wird. Sie können von Zeit zu Zeit mit dem Rücken einer Gabel testen, ob das Katzenfutter bereits hart wird.

11 Nehmen Sie das Trockenfutter dann aus dem Backofen und lassen Sie es abkühlen. Zerkleinern Sie das selbst gemachte Futter für Ihren Liebling, bevor Sie es füttern.

HÜHNCHEN MIT REIS UND KATZEN-LEBERWURST

10 Port.

1 Std.

Schwer

Zutaten

1 Tasse Reis
1 TL Katzen-Leberwurst
Gekochtes Hühnchenfleisch
Haferflocken
Bierhefe
Etwas Mehl

Nährwerte p. P.

454 kcal
35 g Kohlenhydrate
7 g Fett
4 g Eiweiß

1 Kochen Sie den Reis in ausreichend kochendem Wasser gar. Lassen Sie ihn in dem heißen Wasser liegen, dann wird er noch weicher. Gießen Sie das Wasser vorsichtig ab und zerdrücken Sie den gekochten Reis (beispielsweise mit einer Gabel), bis ein fester Brei entsteht.

2 Zerteilen Sie das gekochte Hühnchenfleisch in sehr kleine Stückchen und geben Sie es unter den Reisbrei.

3 Sie können noch eine Messerspitze von der Bierhefe unter die Masse geben, dann wird Ihre Katze zusätzlich mit wichtigen Vitaminen und Mineralstoffen versorgt.

4 Die entstandene Masse sollte sehr fest und fein sein. Sollte der entstandene Brei nicht fest genug sein, können Sie Haferflocken hinzufügen, bis der Trockenfutterteig eine ausreichende Festigkeit für das Ausrollen hat. Für einen besonderen Geschmack geben Sie an dieser Stelle den Teelöffel Katzen-Leberwurst hinzu.

5 Bestreuen Sie ein mit Backpapier ausgelegtes Backblech mit Mehl. Rollen Sie darauf den Trockenfutterteig aus, bis er eine Dicke von einem Zentimeter hat. Alternativ können Sie den Reisteig mit einem Esslöffel auf dem Backblech glatt streichen.

6 Schieben Sie das Blech mit dem ausgerollten Teig bei 180 °C Ober-/Unterhitze in Ihren Backofen, am besten auf der mittleren Schiene.

7 Drosseln Sie die Temperatur nach 20 Minuten auf 150 °C und nach erneut 15 Minuten auf 90 °C.

8 Öffnen Sie die Ofentür einen Spalt und klemmen Sie einen Holzkochlöffel in die Tür. Dadurch wird erreicht, dass Feuchtigkeit und Hitze entweichen können.

9 Es kann eine Weile dauern, bis der Teig trocknet und fest wird. Sie können von Zeit zu Zeit mit dem Rücken einer Gabel probieren, ob das Katzenfutter schon hart wird.

10 Holen Sie das Katzenfutter dann aus dem Backofen und lassen Sie es abkühlen. Zerkleinern Sie das selbst gemachte Trockenfutter, bevor Sie es Ihrem Liebling füttern.

FUTTER MIT RIND-KÄSE-GESCHMACK

10 Port.

1 Std.

Mittel

Zutaten

1 Tasse Reis
50 g Reibekäse (z. B. Parmesan)
Gekochtes Rindfleisch
Haferflocken
Bierhefe
Etwas Mehl

Nährwerte p. P.

499 kcal
44 g Kohlenhydrate
14 g Fett
6 g Eiweiß

1 Kochen Sie etwa eine Tasse Reis in Wasser gar. Lassen Sie den gekochten Reis noch eine Zeit in dem heißen Wasser liegen, dann wird er noch weicher. Gießen Sie das Wasser vorsichtig ab und zerdrücken Sie den gekochten Reis (mit einem Löffel oder einer Gabel), bis ein gleichmäßiger fester Brei entsteht.

2 Kochen und zerteilen Sie das Rindfleisch in sehr feine Stückchen und geben Sie es zu dem Reisbrei.

3 Wenn Sie möchten, können Sie noch eine Messerspitze Bierhefe unter die Rind-Reis-Masse geben, dann wird Ihr Liebling zusätzlich mit wichtigen Vitaminen und Mineralstoffen versorgt.

4 Die entstandene Masse sollte sehr gleichmäßig, fest und fein sein. Sollte der entstandene Brei noch nicht fest genug sein, können Sie etwas Haferflocken untermischen, bis der Teig für das Trockenfutter eine ausreichende Festigkeit für das Ausrollen hat.

5 Für den besonderen Geschmack fügen Sie noch den Reibekäse nach Belieben hinzu.

6 Legen Sie Backpapier auf ein Backblech. Bestreuen Sie das Backblech mit Mehl. Rollen Sie den fertigen Trockenfutterteig aus, bis er eine Dicke von etwa einem Zentimeter hat. Alternativ können Sie den Rind-Reis-Teig mit einem Esslöffel auf dem Backblech glatt streichen.

7 Schieben Sie das Backblech mit dem Trockenfutterteig bei 180 °C Ober-/Unterhitze in den Ofen, am besten auf der Schiene in der Mitte.

8 Verringern Sie die Temperatur nach 20 Minuten auf 150 °C und nach erneut 15 Minuten auf 90 °C.

9 Öffnen Sie die Backofentür etwas und klemmen Sie einen Holzkochlöffel in die Tür. Dadurch können Feuchtigkeit und Hitze entweichen.

10 Es kann etwas dauern, bis der Teig des selbstgemachten Trockenfutters trocknet und schön fest wird. Sie können von Zeit zu Zeit mit dem Rücken einer Gabel testen, ob das Katzenfutter bereits hart wird.

11 Nehmen Sie das Trockenfutter dann aus dem Backofen und lassen Sie es abkühlen. Zerkleinern Sie das selbst gemachte Futter für Ihren Liebling, bevor Sie es füttern.

Rezepte mit Fisch

SEELACHS-REIS-FUTTER

10 Port.

1 Std.

Schwer

Zutaten

1 Tasse Reis
Gekochtes Seelachsfilet
Haferflocken
Bierhefe
Etwas Mehl
Optional: geriebene Möhre, Reibekäse, etwas Katzen-Leberwurst

Nährwerte p. P.

125 kcal
4 g Kohlenhydrate
4 g Fett
20 g Eiweiß

1 Kochen Sie eine Tasse Reis in kochendem Wasser, bis er gar ist. Lassen Sie den Reis im heißen Wasser liegen, dann wird er noch etwas weicher.

2 Gießen Sie das Reiswasser vorsichtig ab und zerdrücken Sie den weichen Reis, bis ein fester Brei entsteht. Dafür eignet sich eine Gabel.

3 Zerkleinern Sie das gekochte Fischfilet in kleine Stückchen und geben Sie diese unter den Reisbrei. Achten Sie darauf, dass sich keinerlei Gräten im Filet versteckt haben. Wenn Sie noch eine Messerspitze von der Bierhefe unter die Masse geben, dann wird Ihre Katze zusätzlich mit für sie wichtigen Vitaminen und Mineralstoffen versorgt.

4 Die entstandene Fisch-Reis-Masse sollte sehr fest und fein sein. Sollte der entstandene Brei noch nicht fest genug sein, können Sie bei Bedarf etwas Haferflocken hinzufügen, bis der Trockenfutterteig eine ausreichende Festigkeit für das Ausrollen auf dem Blech hat.

5 Für einen besonderen Geschmack können Sie noch eine sehr fein geriebene Möhre, Reibekäse oder etwas Katzen-Leberwurst hinzugeben.

6 Legen Sie ein Backblech mit Backpapier aus und bestreuen Sie es mit Mehl. Rollen Sie den Trockenfutterteig darauf aus, bis er eine Dicke von etwa einem Zentimeter hat. Alternativ können Sie den Reisteig auch mit einem Löffel auf dem Backblech glatt streichen.

7 Schieben Sie das Backblech mit dem Trockenfutterteig bei 180 °C Ober-/Unterhitze in den Backofen, am besten auf mittlerer Schiene.

8 Senken Sie die Temperatur nach 20 Minuten auf 150 °C und nach erneut 15 Minuten auf 90 °C.

9 Öffnen Sie die Tür des Backofens einen Spalt und klemmen Sie einen Kochlöffel aus Holz in die Tür. Dadurch wird gewährleistet, dass Hitze und Feuchtigkeit aus dem Ofen entweichen können.

10 Es kann eine Zeit dauern, bis der Teig trocknet und fest wird. Sie können von Zeit zu Zeit mit dem Rücken einer Gabel probieren, ob das Trockenfutter schon hart wird.

11 Nehmen Sie das Katzenfutter dann aus dem Backofen und lassen Sie es abkühlen. Zerkleinern Sie das selbst gemachte Trockenfutter in für Katzen mundgerechte Stücke, bevor Sie es Ihrem Liebling geben.

KÄSE-FISCH-FUTTER

10 Port.

1 Std.

Schwer

Zutaten

1 Tasse Reis
50 g Parmesan oder Reibekäse nach Belieben
Gekochtes Fischfilet
Haferflocken
Bierhefe
Etwas Mehl

Nährwerte p. P.

145 kcal
12 g Kohlenhydrate
7 g Fett
20 g Eiweiß

1 Kochen Sie eine Tasse Reis in kochendem Wasser, bis er gar ist. Lassen Sie den Reis im heißen Wasser liegen, dann wird er noch etwas weicher.

2 Gießen Sie das Reiswasser vorsichtig ab und zerdrücken Sie den weichen Reis, bis ein fester Brei entsteht. Dafür eignet sich eine Gabel.

3 Zerkleinern Sie das gekochte Fischfilet in kleine Stückchen und geben Sie es unter den Reisbrei. Achten Sie darauf, dass sich keinerlei Gräten im Filet versteckt haben.

4 Wenn Sie noch eine Messerspitze von der Bierhefe unter die Masse geben, dann wird Ihre Katze zusätzlich mit für sie wichtigen Vitaminen und Mineralstoffen versorgt.

5 Die entstandene Fisch-Reis-Masse sollte sehr fest und fein sein. Sollte der entstandene Brei noch nicht fest genug sein, können Sie bei Bedarf etwas Haferflocken hinzufügen, bis der Trockenfutterteig eine ausreichende Festigkeit für das Ausrollen auf dem Blech hat.

6 Für einen besonderen Geschmack geben Sie noch den vorbereiteten Reibekäse hinzu.

7 Legen Sie ein Backblech mit Backpapier aus und bestreuen Sie es mit Mehl. Rollen Sie den Trockenfutterteig darauf aus, bis er eine Dicke von etwa einem Zentimeter hat. Alternativ können Sie den Reisteig auch mit einem Löffel auf dem Backblech glatt streichen.

8 Schieben Sie das Backblech mit dem Trockenfutterteig bei 180 °C Ober-/Unterhitze in den Backofen, am besten auf mittlerer Schiene.

9 Senken Sie die Temperatur nach 20 Minuten auf 150 °C und nach erneut 15 Minuten auf 90 °C.

10 Öffnen Sie die Tür des Backofens einen Spalt und klemmen Sie einen Kochlöffel aus Holz in die Tür. Dadurch wird gewährleistet, dass Hitze und Feuchtigkeit aus dem Ofen können.

11 Es kann eine Zeit dauern, bis der Teig trocknet und fest wird. Sie können von Zeit zu Zeit mit dem Rücken einer Gabel probieren, ob das Trockenfutter schon hart wird.

12 Nehmen Sie das Katzenfutter dann aus dem Backofen und lassen Sie es abkühlen. Zerkleinern Sie das selbst gemachte Trockenfutter in für Katzen mundgerechte Stücke, bevor Sie es Ihrem Liebling geben.

SEELACHS MIT MÖHRE UND REIS

10 Port.

1 Std.

Mittel

Zutaten

1 Tasse Reis
1 Möhre (gerieben)
Gekochtes Seelachsfilet
Haferflocken
Bierhefe (Vitamin B, Mineralstoffe, Aminosäuren)
Etwas Mehl

Nährwerte p. P.

115 kcal
4 g Kohlenhydrate
5 g Fett
20 g Eiweiß

1 Kochen Sie eine Tasse Reis in kochendem Wasser, bis er gar ist. Lassen Sie den Reis im heißen Wasser liegen, dann wird er noch etwas weicher.

2 Gießen Sie das Reiswasser vorsichtig ab und zerdrücken Sie den weichen Reis, bis ein fester Brei entsteht. Dafür eignet sich eine Gabel.

3 Zerkleinern Sie das gekochte Fischfilet in kleine Stückchen und geben Sie diese unter den Reisbrei. Achten Sie darauf, dass sich keinerlei Gräten im Filet versteckt haben.

4 Wenn Sie noch eine Messerspitze von der Bierhefe unter die Masse geben, dann wird Ihre Katze zusätzlich mit für sie wichtigen Vitaminen und Mineralstoffen versorgt.

5 Die entstandene Fisch-Reis-Masse sollte sehr fest und fein sein. Sollte der entstandene Brei noch nicht fest genug sein, können Sie bei Bedarf etwas Haferflocken hinzufügen, bis der Trockenfutterteig eine ausreichende Festigkeit für das Ausrollen auf dem Blech hat.

6 Für einen besonderen Geschmack fügen Sie die sehr fein geriebene Möhre hinzu.

7 Legen Sie ein Backblech mit Backpapier aus und bestreuen Sie es mit Mehl. Rollen Sie den Trockenfutterteig darauf aus, bis er eine Dicke von etwa einem Zentimeter hat. Alternativ können Sie den Reisteig auch mit einem Löffel auf dem Backblech glatt streichen.

8 Schieben Sie das Backblech mit dem Trockenfutterteig bei 180 °C Ober-/Unterhitze in den Backofen, am besten auf mittlerer Schiene.

9 Senken Sie die Temperatur nach 20 Minuten auf 150 °C und nach erneut 15 Minuten auf 90 °C.

10 Öffnen Sie die Tür des Backofens einen Spalt und klemmen Sie einen Kochlöffel aus Holz in die Tür. Dadurch wird gewährleistet, dass Hitze und Feuchtigkeit aus dem Ofen entweichen können.

11 Es kann eine Zeit dauern, bis der Teig trocknet und fest wird. Sie können von Zeit zu Zeit mit dem Rücken einer Gabel probieren, ob das Trockenfutter schon hart wird.

12 Nehmen Sie das Katzenfutter dann aus dem Backofen und lassen Sie es abkühlen. Zerkleinern Sie das selbst gemachte Trockenfutter in für Katzen mundgerechte Stücke, bevor Sie es Ihrem Liebling geben.

Rezepte

ohne Weizenmehl, Stärke oder Gluten

KARTOFFELMEHL-RIND-FUTTER

10 Port.

1 Std.

Mittel

Zutaten

150 g Kartoffelmehl
1 Ei
Gekochtes Rindfleisch
Haferflocken
Bierhefe
Etwas Mehl

Nährwerte p. P.

423 kcal
35 g Kohlenhydrate
12 g Fett
4 g Eiweiß

1 Vermischen Sie das Kartoffelmehl mit dem Ei, bis ein gleichmäßiger fester Brei entsteht.

2 Kochen und zerteilen Sie das Rindfleisch in sehr feine Stückchen und geben Sie es zu dem Reisbrei.

3 Wenn Sie möchten, können Sie noch eine Messerspitze Bierhefe unter die Rind-Reis-Masse geben, dann wird Ihr Liebling zusätzlich mit wichtigen Vitaminen und Mineralstoffen versorgt.

4 Die entstandene Masse sollte sehr gleichmäßig, fest und fein sein. Sollte der entstandene Brei noch nicht fest genug sein, können Sie etwas Haferflocken untermischen, bis der Teig für das Trockenfutter eine ausreichende Festigkeit für das Ausrollen hat.

5 Legen Sie Backpapier auf ein Backblech. Bestreuen Sie das Backblech mit Mehl. Rollen Sie den fertigen Trockenfutterteig aus, bis er eine Dicke von etwa einem Zentimeter hat. Alternativ können Sie den Rind-Reis-Teig mit einem Esslöffel auf dem Backblech glatt streichen.

6 Schieben Sie das Backblech mit dem Trockenfutterteig bei 180 °C Ober-/Unterhitze in den Ofen, am besten auf der Schiene in der Mitte.

7 Verringern Sie die Temperatur nach 20 Minuten auf 150 °C und nach erneut 15 Minuten auf 90 °C.

8 Öffnen Sie die Backofentür etwas und klemmen Sie einen Holzkochlöffel in die Tür. Dadurch können Feuchtigkeit und Hitze entweichen.

9 Es kann etwas dauern, bis der Teig des selbstgemachten Trockenfutters trocknet und schön fest wird. Sie können von Zeit zu Zeit mit dem Rücken einer Gabel testen, ob das Katzenfutter bereits hart wird.

10 Nehmen Sie das Trockenfutter dann aus dem Backofen und lassen Sie es abkühlen. Zerkleinern Sie das selbst gemachte Futter für Ihren Liebling, bevor Sie es füttern.

MAISMEHL-HUHN-FUTTER

10 Port.

1 Std.

Mittel

Zutaten

150 g Maismehl
1 Ei
Gekochtes Hühnchenfleisch
Haferflocken
Bierhefe
Etwas Mehl
Optional: geriebene Möhre, geriebener Käse, etwas Katzen-Leberwurst

Nährwerte p. P.

432 kcal
32 g Kohlenhydrate
9 g Fett
4 g Eiweiß

1 Vermischen Sie das Reismehl mit dem aufgeschlagenen Ei, bis ein fester Brei entsteht.

2 Zerteilen Sie das gekochte Hühnchenfleisch in sehr kleine Stückchen und geben Sie es unter den Reismehl-Ei-Brei.

3 Sie können noch eine Messerspitze von der Bierhefe unter die Masse geben, dann wird Ihre Katze zusätzlich mit wichtigen Vitaminen und Mineralstoffen versorgt.

4 Die entstandene Masse sollte sehr fest und fein sein. Sollte der entstandene Brei nicht fest genug sein, können Sie Haferflocken hinzufügen, bis der Trockenfutterteig eine ausreichende Festigkeit für das Ausrollen hat.

5 Für einen besonderen Geschmack können Sie noch eine sehr fein geriebene Möhre, geriebenen Käse oder wenig Katzen-Leberwurst hinzugeben.

6 Bestreuen Sie ein mit Backpapier ausgelegtes Backblech mit Mehl. Rollen Sie darauf den Trockenfutterteig aus, bis er eine Dicke von einem Zentimeter hat. Alternativ können Sie den Reisteig mit einem Esslöffel auf dem Backblech glatt streichen.

7 Schieben Sie das Blech mit dem ausgerollten Teig bei 180 °C Ober-/Unterhitze in Ihren Backofen, am besten auf der mittleren Schiene.

8 Drosseln Sie die Temperatur nach 20 Minuten auf 150 °C und nach erneut 15 Minuten auf 90 °C.

9 Öffnen Sie die Ofentür einen Spalt und klemmen Sie einen Holzkochlöffel in die Tür. Dadurch wird erreicht, dass Feuchtigkeit und Hitze entweichen können.

10 Es kann eine Weile dauern, bis der Teig trocknet und fest wird. Sie können von Zeit zu Zeit mit dem Rücken einer Gabel probieren, ob das Katzenfutter schon hart wird.

11 Holen Sie das Katzenfutter dann aus dem Backofen und lassen Sie es abkühlen. Zerkleinern Sie das selbst gemachte Trockenfutter, bevor Sie es Ihrem Liebling füttern.

Vegetarische Rezepte

ALGEN-REIS-FUTTER

10 Port.

1 Std.

Schwer

Zutaten

1 Tasse Reis
Algenpulver
Haferflocken
Bierhefe
Etwas Mehl
Optional: geriebene Möhre

Nährwerte p. P.

239 kcal
4 g Kohlenhydrate
4 g Fett
19 g Eiweiß

1 Kochen Sie eine Tasse Reis in Wasser, bis er gar ist. Lassen Sie den Reis im heißen Wasser liegen, dann wird er noch etwas weicher.

2 Gießen Sie das Reiswasser vorsichtig ab und zerdrücken Sie den weichen Reis, bis ein fester Brei entsteht. Dafür eignet sich eine Gabel.

3 Geben Sie ein wenig Algenpulver Mischung für den Geschmack in die.

4 Wenn Sie noch eine Messerspitze von der Bierhefe unter die Masse geben, dann wird Ihre Katze zusätzlich mit für sie wichtigen Vitaminen und Mineralstoffen versorgt.

5 Die entstandene Algen-Reismehl-Masse sollte sehr fest und fein sein. Sollte der entstandene Brei noch nicht fest genug sein, können Sie bei Bedarf etwas Haferflocken hinzufügen, bis der Trockenfutterteig eine ausreichende Festigkeit für das Ausrollen auf dem Blech hat.

6 Für einen besonderen Geschmack können Sie noch eine sehr fein geriebene Möhre hinzugeben.

7 Legen Sie ein Backblech mit Backpapier aus und bestreuen Sie es mit Mehl. Rollen Sie den Trockenfutterteig darauf aus, bis er eine Dicke von etwa einem Zentimeter hat. Alternativ können Sie den Trockenfutterteig auch mit einem Löffel auf dem Backblech glatt streichen.

8 Schieben Sie das Backblech mit dem Trockenfutterteig bei 180 °C Ober-/Unterhitze in den Backofen, am besten auf mittlerer Schiene.

9 Senken Sie die Temperatur nach 20 Minuten auf 150 °C und nach erneut 15 Minuten auf 90 °C.

10 Öffnen Sie die Tür des Backofens einen Spalt und klemmen Sie einen Kochlöffel aus Holz in die Tür. Dadurch wird gewährleistet, dass Hitze und Feuchtigkeit aus dem Ofen entweichen können.

11 Es kann eine Zeit dauern, bis der Teig trocknet und fest wird. Sie können von Zeit zu Zeit mit dem Rücken einer Gabel probieren, ob das Trockenfutter schon hart wird.

12 Nehmen Sie das Katzenfutter dann aus dem Backofen und lassen Sie es abkühlen. Zerkleinern Sie das selbst gemachte Trockenfutter in für Katzen mundgerechte Stücke, bevor Sie es Ihrem Liebling geben.

KATZENGRAS-REIS-KÄSE-FUTTER

10 Port.

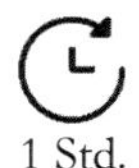
1 Std.

Leicht

Zutaten

1 Tasse Reis
50 g Reibekäse (z. B. Parmesan)
Katzengras
Haferflocken
Bierhefe
Etwas Mehl
Optional: geriebene Möhre

Nährwerte p. P.

198 kcal
3 g Kohlenhydrate
3 g Fett
22 g Eiweiß

1 Kochen Sie eine Tasse Reis in Wasser, bis er gar ist. Lassen Sie den Reis im heißen Wasser liegen, dann wird er noch etwas weicher.

2 Gießen Sie das Reiswasser vorsichtig ab und zerdrücken Sie den weichen Reis, bis ein fester Brei entsteht. Dafür eignet sich eine Gabel. Geben Sie das geschnittene Katzengras für den Geschmack in die Mischung.

3 Wenn Sie noch eine Messerspitze von der Bierhefe unter die Masse geben, dann wird Ihre Katze zusätzlich mit für sie wichtigen Vitaminen und Mineralstoffen versorgt.

4 Geben Sie den Reibekäse dazu und mischen Sie alles erneut gut durch.

5 Die entstandene Masse sollte sehr fest und fein sein. Sollte der entstandene Brei noch nicht fest genug sein, können Sie bei Bedarf etwas Haferflocken hinzufügen, bis der Trockenfutterteig eine ausreichende Festigkeit für das Ausrollen auf dem Blech hat.

6 Für einen besonderen Geschmack können Sie noch eine sehr fein geriebene Möhre hinzugeben.

7 Legen Sie ein Backblech mit Backpapier aus und bestreuen Sie es mit Mehl. Rollen Sie den Trockenfutterteig darauf aus, bis er eine Dicke von etwa einem Zentimeter hat. Alternativ können Sie den Trockenfutterteig auch mit einem Löffel auf dem Backblech glatt streichen.

8 Schieben Sie das Backblech mit dem Trockenfutterteig bei 180 °C Ober-/Unterhitze in den Backofen, am besten auf mittlerer Schiene.

9 Senken Sie die Temperatur nach 20 Minuten auf 150 °C und nach erneut 15 Minuten auf 90 °C.

10 Öffnen Sie die Tür des Backofens einen Spalt und klemmen Sie einen Kochlöffel aus Holz in die Tür. Dadurch wird gewährleistet, dass Hitze und Feuchtigkeit aus dem Ofen entweichen können.

11 Es kann eine Zeit dauern, bis der Teig trocknet und fest wird. Sie können von Zeit zu Zeit mit dem Rücken einer Gabel probieren, ob das Trockenfutter schon hart wird.

12 Nehmen Sie das Katzenfutter dann aus dem Backofen und lassen Sie es abkühlen. Zerkleinern Sie das selbst gemachte Trockenfutter in für Katzen mundgerechte Stücke, bevor Sie es Ihrem Liebling geben.

KARTOFFEL-REIS-FUTTER

10 Port. 1 Std. Mittel

Zutaten

1 Tasse Reis
1 gekochte Kartoffel
1 geriebene Möhre
Haferflocken
Bierhefe
Etwas Mehl

Nährwerte p. P.

259 kcal
5 g Kohlenhydrate
2 g Fett
21 g Eiweiß

1 Kochen Sie eine Tasse Reis in Wasser, bis er gar ist. Lassen Sie den Reis im heißen Wasser liegen, dann wird er noch etwas weicher. Kochen Sie eine Kartoffel und entfernen Sie die Schale.

2 Gießen Sie das Reiswasser vorsichtig ab und zerdrücken Sie den weichen Reis zusammen mit der Kartoffel, bis ein fester Brei entsteht. Dafür eignet sich eine Gabel. Geben Sie für den Geschmack die geriebene Möhre in die Mischung.

3 Wenn Sie noch eine Messerspitze von der Bierhefe unter die Masse geben, dann wird Ihre Katze zusätzlich mit für sie wichtigen Vitaminen und Mineralstoffen versorgt.

4 Der entstandene Kartoffel-Reis-Teig sollte fest sein. Sollte der entstandene Brei noch nicht fest genug sein, können Sie bei Bedarf etwas Haferflocken hinzufügen, bis der Trockenfutterteig eine ausreichende Festigkeit für das Ausrollen auf dem Blech hat.

5 Legen Sie ein Backblech mit Backpapier aus und bestreuen Sie es mit Mehl. Rollen Sie den Trockenfutterteig darauf aus, bis er eine Dicke von etwa einem Zentimeter hat. Alternativ können Sie den Trockenfutterteig auch mit einem Löffel auf dem Backblech glatt streichen.

6 Schieben Sie das Backblech mit dem Trockenfutterteig bei 180 °C Ober-/Unterhitze in den Backofen, am besten auf mittlerer Schiene.

7 Senken Sie die Temperatur nach 20 Minuten auf 150 °C und nach erneut 15 Minuten auf 90 °C.

8 Öffnen Sie die Tür des Backofens einen Spalt und klemmen Sie einen Kochlöffel aus Holz in die Tür. Dadurch wird gewährleistet, dass Hitze und Feuchtigkeit aus dem Ofen entweichen können.

9 Es kann eine Zeit dauern, bis der Teig trocknet und fest wird. Sie können von Zeit zu Zeit mit dem Rücken einer Gabel probieren, ob das Trockenfutter schon hart wird.

10 Nehmen Sie das Katzenfutter dann aus dem Backofen und lassen Sie es abkühlen. Zerkleinern Sie das selbst gemachte Trockenfutter in für Katzen mundgerechte Stücke, bevor Sie es Ihrem Liebling geben.

Katzenleckerlis

Füttern Sie Ihrer Katze Leckerlis immer nur in kleinen Mengen. Es kann schwer sein, der Versuchung nicht nachzugeben, Ihrer Fellnase mehr zu geben, besonders wenn Ihre Katze die selbstgemachten Naschereien mag. Für die Gesundheit Ihrer Katze ist es jedoch wichtig, dass sie nur als Ergänzung zu den Mahlzeiten gegeben werden. Damit vermeiden Sie, dass Ihr Liebling zu dick oder krank wird. Die Leckerlis eignen sich hervorragend als Belohnung. Das Verwöhnen Ihrer Katze macht mit dem Wissen, welche Zutaten enthalten sind, noch mehr Spaß!

RINDERHACK-LECKERLIS

1 Port.

35 Min.

Leicht

Zutaten

250 g Rinderhack
2 Esslöffel Kokosnussöl
3 Eier

Nährwerte p. P.

4 kcal
0 g Kohlenhydrate
0 g Fett
0 g Eiweiß

1 Das Rinderhack mit den Eiern und dem Kokosöl mischen.

2 Dann die Masse auf die Backmatte streichen und diese bei 140 °C Ober-/Unterhitze für eine halbe Stunde in den Ofen geben.

WIE KATZENMINZE: OLIVEN-COOKIES

5 Port.

35 Min.

Leicht

Zutaten

100 g Mehl (glutenfrei)
50 ml Wasser
5 grüne Oliven im Glas, ohne Gewürze, am besten auch ohne Salzlake
1 TL Leinsamenschrot
Etwas Olivenöl
Wasser nach Bedarf

Nährwerte p. P.

29 kcal
1 g Kohlenhydrate
0 g Fett
3 g Eiweiß

1 Waschen Sie die Oliven im Glas mit reichlich Wasser, damit das verbleibende Salz weggespült wird.

2 Geben Sie den Leinsamenschrot in ein Glas. Bedecken Sie ihn mit genügend Wasser, sodass noch ca. 1 cm Wasser über den Leinsamen ist.

3 Heizen Sie den Backofen auf 180 °C Ober-/Unterhitze vor. Schneiden Sie die Oliven in sehr kleine Stücke. Nehmen Sie den Leinsamenbrei und verkneten Sie ihn mit allen Zutaten, bis ein klebriger Teig entsteht.

4 Nehmen Sie immer haselnussgroße Stücke vom Teig und drücken Sie sie auf einem mit Backpapier ausgelegten Backblech flach in die typische Cookie-Form. Geben Sie etwas Öl auf die Kekse.

5 Backen Sie die Oliven-Cookies für Katzen im heißen Ofen 7-10 Minuten.

Info: Achten Sie hierbei ebenfalls auf die Dosierung. Wenn Ihre Katze zu viele Oliven zu sich nimmt, kann das zu Magenproblemen führen. Oliven werden oft in Salzlake eingelegt, was sehr viel Natrium enthält. Wenn Sie Ihre Katze mit zu viel Natrium füttern, kann sie Verstopfung oder Durchfall bekommen oder sich übergeben. Übrigens: Deswegen lieben Katzen Oliven – sie haben eine ähnliche Wirkung auf sie (auch Olivenöl wirkt anregend) wie Katzenminze!

Achtung: Leidet Ihre Katze an Diabetes? Dann Pfoten weg von Oliven!

Leckerlis mit Fleisch

HÄHNCHEN-SPINAT-LECKERLIS

30 Port.

1 Std.

Mittel

Zutaten

200 g Hühnchenbrust
150 g Spinat (TK-Spinat möglich)
4-5 EL Mehl (z. B. Dinkelmehl)
100 g Haferflocken
1 Ei

Nährwerte p. P.

97 kcal
35 g Kohlenhydrate
6 g Fett
12 g Eiweiß

1 Schneiden Sie die Hühnchenbrust in kleine Stücke und kochen Sie diese mit etwas Wasser in einem Topf, bis das Fleisch durch ist.

2 Tauen Sie den Spinat ggf. auf. Geben Sie den Spinat, die geschnittene Hähnchenbrust sowie die Haferflocken in einen Mixer und zerkleinern Sie alles gut.

3 Geben Sie die Masse in eine Schüssel und rühren Sie das Ei unter.

4 Geben Sie anschließend das Mehl in den Teig und kneten Sie diesen durch, bis sich das Mehl gut mit den restlichen Zutaten vermischt hat und eine einheitliche Masse entstanden ist.

5 Nehmen Sie ein Backblech, legen Sie es mit Backpapier aus und rollen Sie den Teig aus der Schüssel wie bei einem Kuchen auf dem Blech aus. Er sollte eine Stärke von 3 bis 4 Millimetern haben.

6 Schneiden Sie den Teig in zirka 5 x 5 Millimeter kleine Stücke.

7 Schieben Sie das Backblech bei 250 °C Ober-/Unterhitze in den vorgeheizten Backofen und lassen Sie die Leckerlis 45 Minuten backen.

8 Lassen Sie sie gut abkühlen und bewahren Sie die Leckerlis in einem Einmachglas auf.

9 Lassen Sie die Leckerlis nach dem Backen über Nacht im Ofen und trocknen Sie diese so lange an der Luft, bis die Feuchtigkeit komplett aus den Leckerlis heraus ist, da sie sonst in einem geschlossenen Behälter möglicherweise schnell gammelig werden.

LECKERLIS MIT JOGHURT UND HUHN

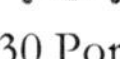

30 Port. 1 Std. Mittel

Zutaten

250 g Hühnchenfleisch (keine Knochen)
1 EL Joghurt
1 Ei
200 g Reismehl
1 TL Sonnenblumenöl

Nährwerte p. P.

201 kcal
26 g Kohlenhydrate
2 g Fett
5 g Eiweiß

1 Heizen Sie den Backofen auf eine Temperatur von 175 °C Ober-/Unterhitze vor.

2 Schneiden Sie kleine Stücke des Fleisches, kochen Sie diese in sprudelndem Wasser gar und lassen Sie sie danach etwas abkühlen.

3 Zerkleinern Sie das Fleisch mit Hilfe eines Pürierstab oder Mixers fein und geben Sie es in eine kleine Schüssel. Fügen Sie den Joghurt, das Sonnenblumenöl sowie das Ei dazu und verrühren Sie alles gut.

4 Geben Sie nun das Reismehl langsam hinzu, bis ein Teig entsteht.

5 Stechen Sie mit einem Teelöffel kleine Stücke ab und geben Sie diese auf ein Backblech, welches Sie zuvor mit Backpapier ausgelegt haben. Drücken Sie die Katzen-Plätzchen mit einer Gabel etwas platt.

6 Backen Sie die Kekse für 20 Minuten. Sollten Sie eine Backmatte verwenden, verringern Sie die Temperatur und die Backzeit, da die einzelnen Leckerlis kleiner sind. Lassen Sie die Plätzchen gut auskühlen, bevor Sie die kleinen Kekse Ihrer Katze zum Naschen anbieten.

HONIG-KATZENLECKERLIS

30 Port.

15 Min.

Leicht

Zutaten

2 TL Honig
200 g Haferflocken
30 ml Hühnerbrühe (ungewürzt)

Nährwerte p. P.

308 kcal
51 g Kohlenhydrate
5 g Fett
11 g Eiweiß

1 Vermischen Sie die Hühnerbrühe mit dem Honig und den Haferflocken zu einem festen Brei. Lassen Sie den Brei etwas stehen, damit die Haferflocken die ganze Flüssigkeit aufnehmen und quellen können.

2 Formen Sie jetzt daraus kleine dünne Stangen oder je nach Belieben auch kleine Plätzchen.

3 Heizen Sie den Backofen auf 80 °C Ober-/Unterhitze vor. Legen Sie Backpapier auf ein Backblech. Darauf können Sie jetzt Ihre geformten Katzenleckerlis verteilen.

4 Trocknen Sie die Leckerlis im Ofen und anschließend über Nacht gut aus.

KARTOFFEL-HUHN-KATZENKEKSE

200 Stk.

35 Min.

Leicht

Zutaten

200 g gekochte Hähnchenbrust
1 Ei
2 EL Kartoffelmehl
1 TL Öl

Nährwerte p. P.

179 kcal
16 g Kohlenhydrate
3 g Fett
3 g Eiweiß

1 Geben Sie alle Zutaten in eine Rührschüssel und pürieren Sie sie mit einem Pürierstab gut durch.

2 Füllen Sie die Mulden der Backmatte mit dem Teig und geben Sie die Backmatte dann bei 150 °C Umluft in den Backofen. Alternativ können Sie die Katzenkekse auch bei 170 °C Ober-/Unterhitze backen.

3 Die Backzeit beträgt zwischen 20 und 25 Minuten, abhängig von der Größe der Backformmulden sowie der Feuchtigkeit im Teig. Lassen Sie die Leckerlis vor der Fütterung abkühlen.

Leckerlis mit Fisch

THUNFISCH-LECKERLIS

30 Port.

40 Min.

Mittel

Zutaten

150 g Thunfisch im eigenen Saft aus der Dose
1 Ei

Nährwerte p. P.

140 kcal
0 g Kohlenhydrate
30 g Fett
14 g Eiweiß

1 Heizen Sie Ihren Backofen auf eine Temperatur von 160 °C Ober-/Unterhitze vor. Bereiten Sie ein Backblech vor, indem Sie es einfetten oder mit Backpapier auslegen.

2 Trennen Sie das Ei. Geben Sie Eigelb und Eiweiß in getrennte Schüsseln. Das Eiweiß müssen Sie nun zu Eischnee schlagen.

3 Gießen Sie die Flüssigkeit des Thunfischs ab und geben Sie ihn in eine Schale. Fügen Sie das Eigelb hinzu und pürieren Sie alles mithilfe eines Pürierstabs.

4 Rühren Sie vorsichtig den vorbereiteten Eischnee unter die Masse und füllen Sie diese in einen Spritzbeutel. Spritzen Sie damit kleine Tropfen auf das Backblech. Schieben Sie das Backblech in den Ofen und lassen Sie die Leckerlis für 30 Minuten im Ofen trocknen.

5 Es ist wichtig, dass die Snacks vollständig ausgekühlt sind, bevor Sie sie Ihrem Liebling anbieten. Im Kühlschrank halten die Thunfisch-Leckerlis 2-3 Tage, wenn sie luftdicht verschlossen sind.

Info: Achten Sie bei Thunfisch auf die Menge, die Sie an Ihren Liebling verfüttern. In Thunfisch kann sogenanntes Quecksilber enthalten sein, welches dieser beispielsweise durch seine Nahrung aufnimmt. Dieses kann, in hohen Mengen verzehrt, Vergiftungserscheinungen bei Katzen auslösen.

THUNFISCH-QUARK-LECKERLIS

200 Stk.

35 Min.

Leicht

Zutaten

1 Dose Thunfisch im eigenen Saft (abgetropft)
1 Ei
100 g Magerquark
1 EL Öl

Nährwerte p. P.

99 kcal
3 g Kohlenhydrate
0 g Fett
15 g Eiweiß

1 Geben Sie alle Zutaten in eine Rührschüssel. Pürieren Sie alles mit einem Pürierstab.

2 Füllen Sie den Teig in die Backmatte und legen Sie die Backmatte bei einer Temperatur von 150 °C (Umluft) in den Backofen. Alternativ können Sie die Katzenkekse statt mit Umluft bei 170 °C Ober-/Unterhitze backen.

3 Die Backzeit richtet sich nach der Feuchtigkeit im Teig und der Größe der Mulden in der Backmatte. Bei kleinen Mulden beträgt sie normalerweise zwischen 20 und 25 Minuten. Lassen Sie die Leckerlis vor dem Füttern abkühlen.

Info: Achten Sie bei Thunfisch auf die Menge, die Sie an Ihren Liebling verfüttern. In Thunfisch kann sogenanntes Quecksilber enthalten sein, welches dieser beispielsweise durch seine Nahrung aufnimmt. Dieses kann, in hohen Mengen verzehrt, Vergiftungserscheinungen bei Katzen auslösen.

Vegetarische Leckerlis

KÄSE-QUARK-KATZENLECKERLIS

30 Port. 25 Min. Leicht

Zutaten

80 g Parmesankäse
80 g Magerquark
3 Eier

Nährwerte p. P.

190 kcal
3 g Kohlenhydrate
21 g Fett
17 g Eiweiß

1 Heizen Sie Ihren Backofen auf eine Temperatur von 175 °C Ober-/Unterhitze vor.

2 Nehmen Sie eine Küchenreibe und reiben Sie den Parmesan sehr fein.

3 Geben Sie die Eier und den Magerquark hinzu und verrühren Sie alles zu einem Teig.

4 Da der Teig relativ flüssig ist, gelingt die Zubereitung in diesem Fall besonders gut mit einer Backmatte für Katzenleckerlis. Sollten Sie keine Backmatte zur Hand haben, geben Sie kleine Tropfen des Teiges auf ein Backblech, welches Sie zuvor mit Backpapier ausgelegt haben.

5 Backen Sie die Katzenleckerlis für 20 Minuten. Lassen Sie die fertige Nascherei gut abkühlen.

Wichtig: Da Parmesan relativ salzig ist, sollte man die Gabe der Snacks auf verschiedene Tage verteilen.

EI-PARMESAN-KATZENKEKSE

150 Stk.

30 Min.

Leicht

Zutaten

150 g Parmesan (gerieben)
3 große Eier

Nährwerte p. P.

175 kcal
5 g Kohlenhydrate
14 g Fett
22 g Eiweiß

1 Geben Sie alle Zutaten in eine Schüssel und pürieren Sie das Ganze mit einem Pürierstab.

2 Füllen Sie den Teig in die Backmatte und legen Sie die Backmatte bei einer Temperatur von 150 °C Umluft in den Backofen. Sie können die Katzenkekse alternativ auch bei 170 °C Ober-/Unterhitze backen, wenn Ihr Backofen keine Umluft-Funktion hat.

3 Die Backzeit ist wie immer abhängig von der Größe der Backform-Mulden und der Feuchtigkeit des Teiges. Bei kleinen Mulden beträgt sie zwischen 20 und 25 Minuten.

4 Lassen Sie die Katzenkekse vor dem Füttern richtig abkühlen.

QUARK-SARDELLEN-KEKSE

100 Stk.

20 Min.

Leicht

Zutaten

250 g Magerquark
6 Sardellen (in Öl)
1 Esslöffel Pflanzenöl

Nährwerte p. P.

2 kcal
0 g Kohlenhydrate
0 g Fett
0 g Eiweiß

1 Den Magerquark mit den Sardellen in Öl sowie einem Esslöffel Pflanzenöl im Mixer mischen.

2 Danach die Masse auf der Backmatte verstreichen und diese für eine Viertelstunde bei 180 °C Ober-/Unterhitze in den Ofen legen.

NORI-KATZENLECKERLIS

150 Stk.

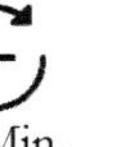
20 Min.

Leicht

Zutaten

1 Packung Nori-Blätter (für Sushi-Zubereitung)
300 g Haferflocken
100 ml Wasser
100 g Rapsöl
50 g Speisestärke

Nährwerte p. P.

192 kcal
33 g Kohlenhydrate
5 g Fett
6 g Eiweiß

1 Zerkleinern Sie die Nori-Blätter mit einem Mixer für 10 Sekunden auf hoher Stufe und füllen Sie das selbstgemachte Nori-Algenpulver in ein geeignetes Schraubglas.

2 Vermischen Sie 3 EL des Algenpulvers mit den restlichen aufgeführten Zutaten und pürieren Sie das Ganze auf mittlerer Stufe für eine Minute.

3 Heizen Sie den Backofen auf 180 °C Umluft vor.

4 Formen Sie aus dem Teig kleine Kugeln und drücken Sie diese platt auf ein Backblech, welches Sie zuvor idealerweise mit Backpapier ausgelegt haben.

5 Backen Sie die Leckerlis für 20 Minuten im vorgeheizten Backofen.

6 Lassen Sie die Leckerlis vor dem Füttern noch einen Tag an der Luft trocknen.

LACHS-DORSCH-LECKERLIS

1 Port.

45 Min.

Leicht

Zutaten

90 g Dorsch
50 g Lachs
1 ½ Esslöffel Flohsamenschalen
1 Teelöffel Kokosnussraspel

Nährwerte p. P.

2 kcal
0 g Kohlenhydrate
0 g Fett
0 g Eiweiß

1 Vorab die Flohsamenschalen zum Aufquellen in Wasser einlegen. Den Lachs sowie den Dorsch hingegen dünsten.

2 Danach den Fisch mit den Flohsamenschalen sowie den Kokosnussraspeln ausgiebig durchmixen.

3 Jetzt die Masse auf die Backmatte geben und diese bei 160 °C Umluft 25 bis 30 Minuten in den Backofen legen.

LAMMINNEREIEN-KEKSE

1 Port. 35 Min. Leicht

Zutaten

250 g Lamminnereien (fein gewolft)
2 Esslöffel Kokosnuss-mehl
3 Eier

Nährwerte p. P.

3 kcal
0 g Kohlenhydrate
0 g Fett
0 g Eiweiß

1 Die fein gewolften Lamminnereien mit dem Kokosnussmehl und den Eiern ausgiebig durchmixen.

2 Danach die Masse auf der Backmatte verteilen und diese bei 140 °C Ober-/Unterhitze eine halbe Stunde im Ofen backen.

3 Zu guter Letzt die Kekse dann noch im Backofen ein wenig nachtrocknen lassen.

SPINAT-HACK-LECKERLIS

1 Port.

50 Min.

Leicht

Zutaten

200 g Maismehl
180 g Rinderhack
50 g Blattspinat
1 Ei
Etwas Leinöl

Nährwerte p. P.

4 kcal
0 g Kohlenhydrate
0 g Fett
0 g Eiweiß

1 Den Spinat mit dem Ei zusammen in einen Standmixer geben und durchpürieren.

2 Im Anschluss das Maismehl mit dem Eier-Spinat-Mix, dem Rinderhack sowie dem Leinöl vermengen.

3 Das Ganze dann auf die Backmatte streichen und diese bei 160 °C Ober-/Unterhitze 30 bis 40 Minuten im Ofen backen.

LEBER-KEKSE

1 Port.

25 Min.

Leicht

Zutaten

400 g Hähnchenleber (gemahlen)
500 g Maismehl
1 Esslöffel Petersilie (gehackt)
2 Esslöffel Sonnenblumenöl
2 Eier

Nährwerte p. P.

13 kcal
2 g Kohlenhydrate
0 g Fett
0 g Eiweiß

1 Die gesamten Zutaten mit einem Mixer einmal ordentlich durchmischen.

2 Mit Hilfe eines Teigschabers den Teig anschließend auf die Backmatte geben und alle Formen mit dem Hundekeksteig füllen.

3 Zum Schluss die Backmatte für 20 Minuten bei 180 °C Ober-/Unterhitze in den Backofen legen.

REIS-LACHS-KEKSE

1 Port.

45 Min.

Leicht

Zutaten

100 g Brokkoli
150 g Reis
250 g Lachs
1 Eigelb

Nährwerte p. P.

4 kcal
0 g Kohlenhydrate
0 g Fett
0 g Eiweiß

1 Den Lachs im Vorfeld dünsten oder kochen. Den Reis sowie den Brokkoli ebenfalls vorab garen.

2 Danach alles mit dem Eigelb zusammen pürieren und dann die Masse auf die Backmatte geben.

3 Diese jetzt bei 180 °C Ober-/Unterhitze für 20 Minuten in den Backofen legen.

GERÖSTETE SONNENBLUMENKERNE

10 Port. 5 Min. Leicht

Zutaten

1 Handvoll Sonnenblumenkerne (ohne Schale!)

Nährwerte p. P.

122 kcal
2 g Kohlenhydrate
23 g Fett
5 g Eiweiß

Herd

1 Stellen Sie eine Pfanne auf den Herd und erhitzen Sie sie auf die höchste Stufe.

2 Geben Sie die Kerne in die Pfanne und drehen Sie die Temperatur auf die niedrigste Stufe zurück.

3 Schwenken Sie die Kerne, damit sie von allen Seiten Hitze bekommen.

4 Nach wenigen Minuten sind die Sonnenblumenkerne fertig geröstet.

Backofen

1 Legen Sie ein Backblech mit Backpapier aus. Verteilen Sie darauf die Sonnenblumenkerne und vermeiden Sie, dass diese sich gegenseitig überlappen.

2 Heizen Sie den Backofen auf 180 °C Ober-/Unterhitze vor.

3 Schieben Sie das Backblech für den Röstvorgang in den Backofen.

4 Wenden Sie die Kerne regelmäßig.

5 Ohne Schale dauert der Röstvorgang nur wenige Minuten.

Info: Achten Sie hier bitte auf Allergien gegen Kerne/Samen, bevor Sie diese an Ihren Liebling verfüttern.

GERÖSTETE KÜRBISKERNE

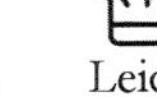

10 Port. 5 Min. Leicht

Zutaten

1 Handvoll Kürbiskerne (ohne Schale!)

Nährwerte p. P.

114 kcal
20 g Kohlenhydrate
4 g Fett
5 g Eiweiß

Herd

1 Stellen Sie eine Pfanne auf den Herd und erhitzen Sie sie auf die höchste Stufe.

2 Geben Sie die Kerne in die Pfanne und drehen Sie die Temperatur auf die niedrigste Stufe zurück.

3 Schwenken Sie die Kerne, damit sie von allen Seiten Hitze bekommen.

4 Nach wenigen Minuten sind die Kürbiskerne fertig geröstet.

Backofen

1 Legen Sie ein Backblech mit Backpapier aus. Verteilen Sie darauf die Kürbiskerne und vermeiden Sie, dass diese sich gegenseitig überlappen.

2 Heizen Sie den Backofen auf 160 °C Ober-/Unterhitze vor.

3 Schieben Sie das Backblech für den Röstvorgang in den Backofen.

4 Wenden Sie die Kerne regelmäßig.

5 Ohne Schale dauert der Röstvorgang nur wenige Minuten.

Info: Achten Sie hier bitte auf Allergien gegen Kerne/Samen, bevor Sie diese an Ihren Liebling verfüttern.

Leckerlis

ohne Weizenmehl, Stärke oder Gluten

HÜHNERFLEISCH-LECKERLIS

30 Port. 35 Min. Mittel

Zutaten

1 Glas Hühnchenfleisch
1 EL Saure Sahne
200 g Reismehl
1 Ei
1 TL Sonnenblumenöl

Nährwerte p. P.

123 kcal
15 g Kohlenhydrate
4 g Fett
4 g Eiweiß

1 Füllen Sie das Glas mit dem Hühnerfleisch in eine geeignete Schüssel. Sie können das Glas in der Babyabteilung kaufen, dann ist es bereits püriert und auch in kleineren Mengen (125 g) erhältlich sowie nur mit Stärke und Wasser angedickt.

2 Geben Sie das Ei in die Schüssel. Rühren Sie gut durch, bevor Sie auch das Sonnenblumenöl und die Saure Sahne hinzugeben. Vermengen Sie alles erneut.

3 Geben Sie langsam das Reismehl Stück für Stück hinzu. Da Reis ein Getreide ist, das kein Gluten enthält, vertragen es Katzen normalerweise besser als andere Getreidesorten.

4 Der Teig sollte nicht zu flüssig, aber auch nicht zu klebrig sein. Sie können das ansonsten noch mit Reismehl oder Wasser ausgleichen.

5 Heizen Sie nun den Backofen auf 175 °C Umluft vor. Legen Sie ein Backblech mit Backpapier aus und formen Sie mit den Händen kleine Teig-Kügelchen. Diese sollten nicht größer als ein halber Teelöffel sein, da der Teig im Backofen noch etwas aufgeht.

6 Legen Sie die Kügelchen auf das Backblech. Drücken Sie diese (beispielsweise mit einer Kuchengabel) flach, bis sie wie kleine Brötchen aussehen. Sie können die Gabel zwischendurch mit Wasser anfeuchten, dann bleibt kein Teig an ihr kleben.

7 Die Leckerlis können nun im Backofen für 15-20 Minuten backen. Dieses Rezept hat genügend Teig für 3 Bleche. Die Leckerlis sind fertig, wenn sie leicht braun sind.

Tipp: Lagern Sie die Katzenleckerlis, nachdem sie abgekühlt sind, am besten trocken und kühl. Schraubgläser eignen sich dafür hervorragend. Wenn Sie das Glas noch mit einem Etikett und einer Schleife verzieren, eignen sich diese Leckerlis auch toll als Geschenk, zum Beispiel unter dem Weihnachtsbaum.

DÖRRFLEISCH FÜR KATZEN

30 Port.

9 Std.

Leicht

Zutaten

500 g (frisches) Rinder- oder Hühnerfleisch

Nährwerte p. P.

160 kcal
0 g Kohlenhydrate
5 g Fett
12 g Eiweiß

1 Heizen Sie Ihren Backofen auf eine Temperatur von 40 °C Umluft vor. Schneiden Sie das Fleisch in Streifen oder Stücke.

2 Verteilen Sie diese auf einem mit Backpapier ausgelegten Backblech. Schieben Sie das Blech in den Ofen. Klemmen Sie beispielsweise einen Holzkochlöffel in die Backofentür, damit der Ofen einen Spalt offen bleibt.

3 Da das Trocknen mit durchschnittlich 6 bis 9 Stunden relativ lange dauert, lohnt es sich, mehrere Bleche der Leckerlis in einem Durchgang zu machen. Sollten Sie einen Dörrautomaten zu Hause haben, befolgen Sie die Angaben des Herstellers zur Zubereitung.

Tipp: Da das Fleisch beim Dörren viel Wasser verliert, werden die Stücke während des Vorgangs kleiner. Sie sollten daher das Fleisch am Anfang etwas größer schneiden, da die Stückchen sonst zäh und trocken werden können.

Eis für Katzen

An heißen Tagen ist ein Eis eine tolle Erfrischung – nicht nur für Menschen. Da „unser“ Eis den Samtpfoten jedoch auf den Magen schlagen würde, sollten Sie lieber selbst Eis speziell für Katzen zubereiten und nicht Ihr eigenes Eis mit Ihrer Katze zusammen schlecken. Da Katzen bekanntlich kleine Feinschmecker sind, sollte Ihre Katze die Zutaten für das Katzeneis bereits kennen und vor allem lecker finden. Dann freut sie sich ganz bestimmt!

Hier ein paar Beispiele für Grundzutaten:

- Katzenmilch
- Laktosefreier Naturjoghurt
- Cat-Liquid-Snack / Schleck-Snack
- Katzennassfutter
- Thunfisch im eigenen Saft
- Knusper-Snacks
- Kausticks / Leckerlistangen
- Katzenmalz

Vitamin-Snack

THUNFISCH-EIS

5 Port.

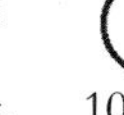
10 Min.

Leicht

Zutaten

Thunfisch im eigenen Saft
½ Tasse Wasser

Nährwerte p. P.

140 kcal
0 g Kohlenhydrate
0 g Fett
30 g Eiweiß

1 Pürieren Sie den Thunfisch im eigenen Saft aus der Dose mit dem Mixer oder Pürierstab zu einem gleichmäßigen Brei.

2 Fügen Sie das Wasser hinzu und pürieren Sie das Ganze erneut.

3 Geben Sie den vorbereiteten Brei in für den Gefrierschrank geeignete Formen oder beispielsweise in Eiswürfelbeutel und lassen Sie das Eis komplett gefrieren.

4 Es handelt sich hierbei nicht um eine vollwertige Mahlzeit für Ihren Stubentiger und soll nur als Nascherei dienen.

Wichtig: Achten Sie bei Thunfisch auf die Menge, die Sie an Ihren Liebling verfüttern. In Thunfisch kann sogenanntes Quecksilber enthalten sein, welches dieser beispielsweise durch seine Nahrung aufnimmt. Dieses kann, in hohen Mengen verzehrt, Vergiftungserscheinungen bei Katzen auslösen.

SNACK-EIS

10 Port.

10 Min.

Leicht

Zutaten

200 g laktosefreier Naturjoghurt
2 Schleck-Snacks / Cat-Liquid-Snacks
100 ml Katzenmilch

Nährwerte p. P.

205 kcal
15 g Kohlenhydrate
4 g Fett
20 g Eiweiß

1 Verrühren Sie den laktosefreien Naturjoghurt mit der Katzenmilch sowie 2 Schleck-Snacks nach dem Geschmack Ihrer Katze.

2 Füllen Sie den flüssigen Brei in eine Schale für Eiswürfel und lassen Sie das Ganze gut gefrieren.

KATZENMILCH-KNUSPER-EIS

5 Port.

10 Min.

Leicht

Zutaten

1 Paket Katzenmilch
1 Ei
Handvoll Knusper-Snacks

Nährwerte p. P.

230 kcal
14 g Kohlenhydrate
5 g Fett
21 g Eiweiß

1 Geben Sie das aufgeschlagene Ei, eine Handvoll der Lieblings-Knusper-Snacks Ihrer Katze sowie ein Paket Katzenmilch in eine Schüssel und vermischen Sie die Zutaten gut miteinander.

2 Füllen Sie die Zutaten in eine Eiswürfelform und lassen Sie das Katzeneis gut gefrieren.

HÜHNERSUPPEN-EIS

10 Port. 3,5 Std. Leicht

Zutaten

1 Suppenhuhn
1 Möhre
Wasser

Nährwerte p. P.

241 kcal
1 g Kohlenhydrate
5 g Fett
17 g Eiweiß

1 Entfernen Sie die Schale der Möhre und schneiden Sie sie in Stücke. Nehmen Sie den Beutel mit den Innereien des Huhns aus dessen Inneren.

2 Waschen Sie das Huhn von außen und von innen gründlich ab. Geben Sie es in einen großen Topf und gießen Sie so viel Wasser hinzu, bis das Huhn komplett mit der Flüssigkeit bedeckt ist.

3 Geben Sie die geschnittene Möhre dazu. Bringen Sie das Ganze zum Kochen und verringern Sie die Hitze, wenn das Wasser kocht. Garen Sie das Huhn bei geringer Hitze für zwei bis drei Stunden.

4 Wenn das Huhn fertig gegart ist, müssen Sie das Fleisch des Huhns abzupfen und zerkleinern, bevor Sie es zurück in die Brühe geben können. Es dürfen keine Knochen in der Suppe verbleiben.

5 Lassen Sie die Suppe richtig auskühlen.

6 Geben Sie die zubereitete Hühnersuppe für Katzen in Eiswürfelbeutel und legen Sie diese in Ihr Gefrierfach.

JOGHURT-EIS MIT SONNENBLUMENKERNEN

10 Port.

10 Min.

Leicht

Zutaten

200 g laktosefreier Naturjoghurt
1 Schleck-Snack / Cat-Liquid-Snack
100 ml Katzenmilch
(Geröstete) Sonnenblumenkerne

Nährwerte p. P.

199 kcal
14 g Kohlenhydrate
5 g Fett
14 g Eiweiß

1 Verrühren Sie den laktosefreien Naturjoghurt mit der Katzenmilch sowie dem Schleck-Snack nach dem Geschmack Ihrer Katze.

2 Geben Sie ein paar Sonnenblumenkerne, nach Belieben geröstet oder ungeröstet, hinzu.

3 Füllen Sie den flüssigen Brei in eine Schale für Eiswürfel und lassen Sie das Ganze gut gefrieren.

QUARK-EIS MIT WEIZENKEIMEN

10 Port. 15 Min. Leicht

Zutaten

100 g Magerquark
1 EL Öl
Weizenkeime

Nährwerte p. P.

99 kcal
3 g Kohlenhydrate
0 g Fett
15 g Eiweiß

1 Geben Sie alle Zutaten in eine Rührschüssel. Pürieren Sie alles mit einem Pürierstab.

2 Füllen Sie den Teig in einen Eiswürfelbeutel und legen Sie diesen in Ihren Gefrierschrank.

3 Lassen Sie das Eis ganz gefrieren.